Joseph von Gerlach

Beiträge zur normalen Anatomie des menschlichen Auges

Joseph von Gerlach

Beiträge zur normalen Anatomie des menschlichen Auges

ISBN/EAN: 9783743450417

Hergestellt in Europa, USA, Kanada, Australien, Japan

Cover: Foto ©berggeist007 / pixelio.de

Manufactured and distributed by brebook publishing software
(www.brebook.com)

Joseph von Gerlach

Beiträge zur normalen Anatomie des menschlichen Auges

BEITRÄGE ZUR NORMALEN ANATOMIE

DES

MENSCHLICHEN AUGES

VON

Dr. J. v. GERLACH,

PROFESSOR DER ANATOMIE UND VORSTAND DES ANATOMISCHEN INSTITUTES
ZU ERLANGEN.

MIT 3 TAFELN.

LEIPZIG,
VERLAG VON F. C. W. VOGEL.
1880.

VORWORT.

Die vier Abhandlungen, welche den Inhalt dieser Blätter bilden, sind aus dem Bedürfniss hervorgegangen, mir selbst über gewisse Punkte der Anatomie des Auges grössere Klarheit zu verschaffen. Dieses Bedürfniss tritt Niemand näher, als dem Lehrer der Anatomie, denn die hohe Befriedigung, welche der Lehrberuf an sich gewährt, wird in nicht geringem Grade dadurch erhöht, dass wir im Stande sind, dem Anfänger den complicirten Bau des menschlichen Körpers mit vollendeter Klarheit und Präcision vorzuführen und zeichnend zu erläutern. Der Punkte, welche nichts weniger als vollkommen klar gelegt sind, gibt es in der menschlichen Anatomie noch ausserordentlich viele, und ich bin durchaus nicht der Ansicht, dass diese Disciplin mehr oder weniger abgeschlossen sei, so dass jetzt die Aufgabe des wissenschaftlichen Anatomen wesentlich darin bestehe, seine Thätigkeit durch möglichste Vertiefung in vergleichend anatomische und embryologische Studien der Erforschung der Physiologie der Form d. h. der höheren Morphologie zuzuwenden, um dadurch die Anatomie von der niederen Stufe einer beschreibenden zu der höheren einer erklärenden Naturwissenschaft zu erheben. Ich halte noch an der älteren Ansicht fest, nach welcher der Hauptwerth der Anatomie darin liegt, immer mehr gesicherte Grundlagen zu gewinnen, auf welchen Physiologie und Pathologie weiter bauen können. Dieser Standpunkt, der von manchem als antiquirt, ja unwissenschaftlich angesehen werden mag, hat wenigstens den praktischen Vortheil, dass dadurch die Bildung tüchtiger Aerzte, diese erste Aufgabe unserer medicinischen Facultäten, am meisten gefördert wird.

Erlangen im April 1880.

Der Verfasser.

Ueber den Verlauf der Thränencanälchen und deren Verhältniss zu dem Musculus orbicularis palpebrarum.

Hierzu Fig. 1—9 u. 11 (Taf. I). Fig. 10 (Taf. II).

Bis auf die neuere Zeit existirte nur eine Methode zur Erforschung des Verlaufes der Thränencanälchen nämlich die der Präparation und Bloslegung derselben mittelst des Secirmessers. Dabei mussten sie aus ihrer Verbindung mit benachbarten Theilen losgelöst werden, und daher konnte diese Methode über diejenigen Modificationen der Verlaufsweise der Thränenröhrchen, welche durch ihre Anheftung an Nachbargebilde bedingt werden, keinen Aufschluss geben. Man begnügte sich im Allgemeinen mit der Angabe, dass die Thränenröhrchen aus einem lateralen kürzeren vertikal gestellten und einem damit nahebei rechtwinklich verbundenen viel längeren medialen Stücke bestehen, welches eine horizontale etwas abgeschrägte Richtung einhalte. Auch die divertikelartige Erweiterung an der Uebergangsstelle des vertikalen in das horizontale Stück konnte bereits durch die einfache Präparation mit dem Secirmesser constatirt werden. Die Vorstellung, welche man sich aus den Ergebnissen dieser Methode über den Verlauf der Thränencanälchen bildete, fand ihren prägnantesten Ausdruck in dem Vergleiche mit den Fühlhörnern der Gartenschnecke, woher der früher vielfach gebrauchte Name „Cornua limacum" stammt.

Erst die Anwendung der feineren Schnittmethode, der wir auf fast allen Gebieten der anatomischen Forschung so Vieles verdanken, konnte über den wirklichen Verlauf der Thränencanälchen Aufklärung geben; denn nur durch frontale Schnitte, welche die ganze Länge des Thränencanälchens in seinen beiden Hauptabtheilungen, der vertikalen und horizontalen, umfassten, konnten die feineren Nüancen des Verlaufes erkannt werden, indem dabei die Canälchen in ihrer Verbindung mit den Nachbartheilen erhalten blieben.

Soweit mir bekannt, war ich der Erste, welcher schon vor fünf Jahren an dem Kopfe eines halbjährigen Kindes, welchen ich in eine Serie der mikroskopischen Untersuchung zugänglicher frontaler Schnitte zerlegt hatte, Präparate darstellte, an welchen der ganze Verlauf der Thränencanälchen von dem Thränenpunkte an bis zur Mündung in den Thränensack zu übersehen war. Mein früherer Assistent Herr Dr. Heinlein [1]) beschrieb nach diesen Objecten den Verlauf der Thränencanälchen, in einer Abhandlung, welche 1875 in dem Archiv für Ophthalmologie erschien. Zwei Punkte sind es, welche mich bestimmen, schon jetzt wieder auf diesen Gegenstand zurückzukommen. Einmal hat mir ein Fachkollege, auf dessen Urtheil in anatomischen Dingen ich den grössten Werth lege, gelegentlich der Demonstration dieser Schnitte mittelst des Scioptikons auf der Naturforscherversammlung zu München die Bemerkung gemacht, dass die Beschreibung von Heinlein sich auf zu wenig Fälle beziehe und dass ähnliche Schnitte an einer grösseren Anzahl von Individuen nothwendig seien, um die Darstellung, welche Heinlein von dem Verlaufe der Thränencanälchen gegeben, als eine wirkliche Errungenschaft unseres anatomischen Wissens betrachten zu können. Ferner schienen mir die Ergebnisse weiterer Studien über die muskulöse Umhüllung der Thränencanälchen eine Correctur der Heinlein'schen Eintheilung derselben in verschiedene Stücke nothwendig zu machen.

Um der Untersuchung eine breitere Unterlage zu geben, habe ich mehrere ganze Köpfe von Embryonen, welche den fünften Monat bereits überschritten hatten, sowie zwei halbirte Köpfe von

---

1) Zur mikroskopischen Anatomie der Thränenröhrchen in v. Gräfe's Archiv für Ophthalmologie. Bd. XXI.

Erwachsenen in frontale Schnitte zerlegt. Das letztere ist eine der schwierigsten Aufgaben der anatomischen Technik und erfordert viele Monate langes Einlegen der Köpfe in die Säuremischung zur Entfernung der Knochensalze. Nach meiner Erfahrung ist es unmöglich, bei dem Erwachsenen ein Thränencanälchen in seiner ganzen Ausdehnung an einem noch für die mikroskopische Untersuchung geeigneten Schnitt zur Darstellung zu bringen, weil der horizontale Theil seine Richtung nicht nur nach der Medianlinie, sondern auch nach rückwärts nimmt. Man muss hier den Verlauf der Thränencanälchen aus Bildern combiniren, wie sie sich aus drei auf einander folgenden Schnitten ergeben. Dagegen gelingt es bei Neugebornen und Kindern aus dem ersten Lebensjahre Schnitte zu gewinnen, welche den Verlauf des ganzen Thränencanälchens erkennen lassen (Fig. 2. Taf. I). Bei einem Embryo aus dem sechsten Monat war ich sogar so glücklich, einen Schnitt zu erhalten, in welchen beide Thränencanälchen, das obere wie das untere, von dem Thränenpunkte an bis zur Verbindung mit dem Thränensack fielen (Fig. 1. Taf. I). Diese ausgedehnteren Beobachtungen ergaben, dass das Typische in dem Verlaufe der Thränencanälchen HEINLEIN vollkommen richtig beschrieben hat, dass jedoch auch Modificationen vorkommen, welche, wie es scheint, mit dem Alter der betreffenden Individuen in Verbindung stehen.

Abgesehen von dem Thränenpunkte nahm HEINLEIN statt des früheren vertikalen und horizontalen Stückes vier Abtheilungen der Thränencanälchen an, welche er als vertikales Stück oder Trichter, als Bogenstück, als horizontal geneigtes Stück und als Sammelrohr bezeichnete. Nimmt man allein auf die Verlaufsweise der Thränencanälchen Rücksicht, so erscheint diese Eintheilung auch gerechtfertigt. Da aber für die Thränenleitung die muskulöse Hülle der Röhrchen von hoher Bedeutung ist, so scheint es mir richtiger, auch diese bei der Eintheilung in Betracht zu ziehen. Berücksichtigt man aber die Muskulatur der Thränenröhrchen, so gliedern sich dieselben naturgemäss in drei Abtheilungen:

1) in das in seiner grössten Ausdehnung von Ringmuskulatur umgebene vertikale Stück,

2) in das von Längsmuskulatur umgebene horizontale Stück und

1*

3) in das muskelfreie Stück, in welchem sich das obere und untere Thränencanälchen vor ihrer Einmündung in den Thränensack vereinigen. HEINLEIN wählte für diese Abtheilung den bezeichnenden Namen „Sammelrohr“, der sich wohl in der anatomischen Nomenklatur erhalten wird.

Das vertikale Stück beginnt mit dem Thränenpunkt, welcher an dem hinteren Lidrande in derselben Flucht liegt, in welcher die Mündungen der Tarsaldrüsen sichtbar werden, von welchen er sich jedoch durch einen mehr als doppelt so grossen Durchmesser unterscheidet. Die Entfernung der Mündung der der Medianlinie zunächst liegenden Tarsaldrüse von dem Thränenpunkt beträgt nur 0,5 Mm. (Fig. 2. Taf. I). Die Thränenpunkte befinden sich an dem stumpfen Winkel, der zwischen dem Tarsus und jener auch noch zu den Augenlidern gerechneten medianwärts ausgebogten Hautfalte sich vorfindet, welche den medialen Augenwinkel darstellt. Beide Thränenpunkte decken sich bei geschlossenen Lidern nicht, da die Entfernung des unteren Thränenpunktes von dem medialen Augenwinkel 6,5 Mm., die des oberen aber nur 6 Mm. beträgt (Fig. 1. Taf. I).

Die Thränenpunkte befinden sich in der Mitte einer kleinen conischen Erhöhung des inneren Lidrandes, der sogenannten Thränenpapille. Diese hat eine Höhe von 0,2 bis 0,3 Mm. und ist in der Regel an dem oberen Lide etwas höher und schlanker, als an dem unteren. Die Thränenpapille besteht aus verdichtetem der Cutis angehörenden Bindegewebe, dem feine elastische Fasern beigemengt sind, hat aber an ihrer vorderen der Haut zugewandten Seite auch schon horizontal verlaufende quergestreifte Muskelfasern, welche sich bis in die unmittelbare Nähe des Thränenpunktes erstrecken.

Die Weite der Thränenpunkte wechselt bei verschiedenen Individuen zwischen 0,15 bis 0,25 Mm.; meistens ist der untere etwas weiter als der obere, wie denn überhaupt das Lumen des unteren Thränencanälchens im Allgemeinen etwas stärker ist als das des oberen. Dieses und nicht die vermeintliche geringere Länge ist der Grund, weshalb das untere Thränenröhrchen in der Regel leichter zu sondiren ist als das obere. Die Thränenpunkte sind übrigens nicht kreisrund, sondern eiförmig, und zwar fällt der lange Durchmesser des Ovals in die frontale, der kurze in die sagittale Kopfebene.

Die mit dem Thränenpunkt beginnende Röhre des vertikalen Stückes der Thränencanälchen zerfällt durch eine enge Einschnürung in zwei ziemlich scharf geschiedene Abtheilungen, in eine kleinere, dem Thränenpunkt zunächst gelegene, welche wir, da sie hauptsächlich in den Bereich der Thränenpapille fällt, die papillare nennen wollen, und in eine grössere, für welche der schon von Heinlein gewählte Name „Trichter“ beizubehalten sein dürfte.

Der papillare Theil ist nicht allein auf die Thränenpapille beschränkt, hat aber nur eine Länge von 0,5 Mm. Dieser Theil der vertikalen Röhre verengt sich kraterartig von dem Thränenpunkte an immer mehr und hat an der Grenze des Trichters einen Durchmesser von durchschnittlich nur 0,08 bis 0,10 Mm. Es ist dieses überhaupt der engste Theil des ganzen Thränencanälchens, welcher die Einführung von Instrumenten am meisten erschwert; wir wollen ihn wegen seiner practischen Bedeutung die Thränenröhrchenenge, Angustia canaliculi lacrymalis, nennen. Auch physiologisch, d. h. für die Theorie der Thränenleitung, wird dieser Punkt deshalb von Wichtigkeit, weil in seiner Höhe erst eine wirkliche Ringmuskulatur des vertikalen Stückes beginnt, worauf ich später bei der Erörterung der muskulösen Hülle der Thränencanälchen zurückkommen werde. Diese Angustia, auf welche zuerst Foltz [1]) aufmerksam machte, tritt durchaus nicht an allen Schnitten, welche den ganzen vertikalen Theil des Thränencanälchens treffen, zu Tage, sondern nur an solchen Frontalschnitten, welche genau durch die Mitte des Thränenpunktes gelegt sind. Hat man nämlich den Thränenpunkt nicht in der Mitte, sondern in der Nähe des vorderen oder hinteren Randes getroffen, so zeigt natürlich dessen Querschnitt einen geringeren Durchmesser, und damit schwindet mehr oder weniger die Differenz in dem Lumen des Thränenpunktes und der Angustia canalic. lacrymal. Dieses war auch der Grund, weshalb Heinlein diese Stelle des

---

1) Anatomie et Physiologie des conduits lacrymaux in Cunier's Annal. d'oculistique. Jahrg. 1860.

vertikalen Stückes entging; wir hatten damals zu unserer Disposition noch keine Schnitte, welche genau durch die Mitte des Thränenpunktes gelegt waren.

Unmittelbar unter der Angustia erweitert sich das vertikale Stück des Thränencanälchens rasch in den Trichter, das Infundibulum. Diese Erweiterung geschieht aber nicht gleichmässig, sondern hauptsächlich nach der lateralen Seite hin, wodurch es zur Bildung des ersten oder horizontalen Divertikels kommt. Dieser Divertikel (Fig. 1. 2. 3 *D. h.* Taf. I), den Heinlein mit zu dem Bogenstücke zählt, muss aber deshalb als Bestandtheil des Trichters angesehen werden, weil er mit in das Gebiet der Ringmuskulatur fällt, während der zweite Divertikel des Heinlein'schen Bogenstückes (Fig. 1. 2. 3 *D. v.* Taf. I), den wir, da dessen Axe fast lothrecht gestellt ist, den vertikalen nennen wollen, bereits von Längsmuskulatur umgeben ist und demnach dem horizontalen Stücke des Thränencanälchens angehört. Der horizontale Divertikel ist während des fötalen Lebens nur gering entwickelt (Fig. 1. Taf. I); bei einem halbjährigen Kinde fand ich ihn schon stark ausgedehnt (Fig. 2. Taf. I), und noch beträchtlicher ist er bei dem Erwachsenen.

Die Länge oder Höhe des Trichters von der Angustia an bis zu dem Beginn des horizontalen Stückes des Thränencanälchens beträgt wenig mehr als 1,5 Mm. Die grösste Weite des Trichters von durchschnittlich 0,6 Mm. fällt nicht in die Grenze zwischen dem vertikalen und horizontalen Stücke, sondern etwas darüber in eine Entfernung von beiläufig 1 Mm. von der Angustia. Der erste dem Trichter angehörige horizontale Divertikel ist von dem zweiten vertikalen durch eine Einschnürung geschieden, welche als Grenze zwischen dem vertikalen und horizontalen Theile des Thränencanälchens angesehen werden muss. Diese eingeschnürte Stelle ist länger bei dem Embryo und in den ersten Lebensjahren (Fig. 1 u. 2. Taf. I); später verkürzt sie sich immer mehr, ist aber auch bei dem Erwachsenen deutlich nachweisbar (Fig. 3. Taf. I). Die geringe Ausdehnung dieser Stelle bei dem Erwachsenen scheint der Grund zu sein, dass man früher den horizontalen und vertikalen Divertikel nicht von einander trennte, sondern beide zusammen als Ampulle des Thränencanälchens beschrieb (Sappey).

Der Uebergang des vertikalen in das horizontale Stück des Thränencanälchens gestaltet sich während des embryonalen Lebens entschieden mehr rechtwinklig, d. h. knieförmig (Fig. 1. Taf. I). Nach der Geburt geht dieses Knie wahrscheinlich in Folge der Wachsthumsverhältnisse des Schädels und der Lider allmählich in die Bogenform über, welche ich bei einem halbjährigen Kinde schon vollkommen ausgebildet fand (Fig. 2. Taf. I). Diese Bogenform ist auch bei dem Erwachsenen die Regel, und zwar hängt von dem grösseren oder geringeren Radius des Bogens die Leichtigkeit der Ueberführung von Instrumenten aus dem vertikalen in den horizontalen Theil der Thränencanälchen ab. Je grösser der Radius des Bogens ist, um so leichter lässt sich das Instrument weiter führen. Aber auch künstlich kann man diesen Radius dadurch vergrössern, dass man den Lidrand lateralwärts zieht. An einer grösseren Anzahl von Leichen habe ich mit Leichtigkeit selbst dicke Borsten durch den Thränenpunkt in den Thränensack einführen können, wobei ich fand, dass diese Manipulation nach der Einbringung der Borste in den Thränenpunkt durch Anziehen des lateralen Augenwinkels an das Jochbein, wodurch sich der Radius des Bogens vergrössert, wesentlich gefördert wird.

Das horizontale Stück beginnt, wie gesagt, mit dem vertikalen Divertikel, welcher bei dem oberen Thränenröhrchen nach aufwärts, bei dem unteren nach abwärts gerichtet ist. Dieser Divertikel ist in der Regel stärker entwickelt als der horizontale, und dadurch wird mit Ausnahme des Sammelrohrs der Anfangstheil des horizontalen Stückes zu dem weitesten des ganzen Thränencanälchens. Der Durchmesser dieses Anfangstheiles des horizontalen Stückes beträgt fast 1 Mm., während an der medialen Grenze des vertikalen Divertikels der Durchmesser des Thränencanälchens plötzlich auf nur 0,4 Mm. herabsinkt, der sich von hier an aber nur sehr allmählich auf 0,3 Mm. verjüngt, ein Lichtmaass, welches die Thränenröhrchen kurz vor ihrer Vereinigung zu dem Sammelrohr besitzen. Zwischen dem vertikalen Divertikel und dem Sammelrohr kommen bisweilen schwache Erweiterungen des Lumens der Thränencanälchen vor, bedingt durch eine leichte Ausdehnung einer Seitenwand. Da dieselben aber durchaus nicht constant sind, können sie ein weiteres anatomisches Interesse nicht beanspruchen.

Die Länge des horizontalen Stückes der Thränencanälchen beträgt 6—7 Mm., und zwar ist das untere um so viel länger als das obere, als der Abstand des unteren Thränenpunktes von dem oberen misst, nämlich 0,5 Mm. (Fig. 1. Taf. I). Die Richtung des horizontalen Stückes der Thränencanälchen ist nicht die reine horizontale, da das Sammelrohr tiefer als der vertikale Divertikel des oberen und höher als der des unteren Thränenröhrchens liegt; das obere Canälchen wird daher leicht ab-, das untere leicht ansteigen müssen, um zu dem Vereinigungspunkte d. h. zu dem Sammelrohr zu gelangen. Auch abgesehen von dieser nothwendigen Abweichung von der horizontalen Linie finden bei einzelnen Individuen auch solche von der geraden Linie statt, indem das Thränencanälchen mehr oder weniger geschlängelt verlaufen kann (Fig. 2. Taf. I). Diese Schlängelungen sind jedoch immer nur schwach ausgesprochen, durchaus nicht constant und kommen nach meinen Erfahrungen nur bei jüngeren Individuen vor. Möglicherweise traf Hyrtl [1]), welcher die Thränencanälchen mittelst der corrodirenden Methode untersuchte und aus den Abgüssen derselben auf eine spiral gedrehte Verlaufsweise schloss, gerade auf solche Individuen, deren Thränencanälchen die erwähnten Schlängelungen zeigten und die unter dem Drucke des Injectionsstromes sich auch nach der dritten Dimension ausbogen und daher spiral gedreht erschienen.

Diejenige Abtheilung der Thränencanälchen, deren Länge individuell am meisten variirt, ist das Sammelrohr, vermittelst dessen das obere und untere Thränenröhrchen mit dem Thränensack communiciren. An 10 Schnittpräparaten, an denen ich die Länge des Sammelrohrs mikrometrisch bestimmen konnte, fand ich als Grenzwerthe 0,8 bis 2,2 Mm. Zugleich ist das Sammelrohr der weiteste Theil der Thränencanälchen, da dessen Lumen durchschnittlich 0,8 Mm. im Durchmesser beträgt.

Die individuell so verschiedene Länge und die beträchtliche Weite des Sammelrohrs haben meiner Ansicht nach die Veran-

---

1) Corrosionsanatomie. S. 36 ff.

lassung dazu gegeben, dass gerade über diesen Punkt der Anatomie der Thränenorgane so grosse Differenzen der Meinungen herrschen. Während die älteren Anatomen mehr der Annahme eines Sammelrohres geneigt zu sein scheinen, wie ich einer Bemerkung HALLER's [1]) entnehme, erklären sich die deutschen Anatomen unseres Jahrhunderts für gesonderte Mündungen der Thränencanälchen und halten den gemeinschaftlichen Gang, das Sammelrohr, für den Ausnahmsfall, so ROSENMÜLLER, WEBER-HILDEBRANDT, BERRES, BOCK, KRAUSE, FR. ARNOLD und HYRTL in ihren bekannten anatomischen Handbüchern. Nur AL. LAUTH [2]) hält an dem gemeinsamen Gange fest, giebt jedoch zu, dass zuweilen beide Thränencanälchen bis zum Ende durch eine dünne Scheidewand von einander getrennt seien. Am bestimmtesten äussert sich in dieser Frage HUSCHKE [3]), wenn er sagt, dass in acht Fällen nur einmal ein gemeinschaftlicher Gang und siebenmal gesonderte Mündungen vorhanden seien. Dagegen haben die französischen Anatomen seit MALGAIGNE [4]) und SAPPEY [5]), der eine grössere Anzahl von Fällen mit besonderer Rücksicht auf diesen Punkt untersuchte, sich entschieden für das Sammelrohr ausgesprochen und

1) A. v. HALLER spricht sich in den Anfangsgründen der Physiologie, übersetzt von HALLEN, Berlin und Leipzig 1772, im V. Bande S. 751 in folgender Weise über den fraglichen Punkt aus: Bald scheinen die Thränengänge an zween verschiedenen Orten sich in den vorderen Theil des Thränensackes zu öffnen, wie ich an eingesteckten Borsten und gefärbten Einspritzungen gesehen habe, bald nur an einer einzigen Stelle; da nämlich zwischen dem oberen und unteren Gange ein geringer Zwischenraum vorhanden ist und beide sich nur mit Gefahr von einander trennen lassen, weil hier das Fadengewebe, welches sie absondert, eine callöse Art an sich hat, so reden die meisten Schriftsteller nur von einem gemeinschaftlichen Gange, in welchen beide Thränengänge zusammenlaufen. Indessen meldet doch MORGAGNI, dass er sehr kurz sei, und es erhellet zur Genüge, dass ZINN ebendergleichen beobachtet habe.

2) Neues Handbuch der practischen Anatomie. Stuttgart u. Leipzig 1835. Bd. I. S. 313.

3) Sömmering's Lehre von den Eingeweiden und Sinnesorganen; umgearbeitet von HUSCHKE. Leipzig 1844. S. 645.

4) Traité d'anatomie et de chirurgie expérimentale. Paris 1859. Tome I. S. 713.

5) Traité d'anatomie descriptive. Paris 1852. Tome II. S. 614.

geben getrennte Mündungen kaum zu. Auch FOLTZ[1]), der an 70 Augen untersuchte, hat nie gesonderte Oeffnungen beobachtet. Ebenso treten BOCHDALEK[2]) und LESSHAFT[3]) für das Sammelrohr als normales Gebilde ein. Unter den neueren deutschen Anatomen sprechen sich LUSCHKA[4]) und HENLE[5]) für keine der beiden Alternativen bestimmt aus, sondern lassen die Thränenröhrchen bald getrennt bald zu dem Sammelrohr vereinigt in den Thränensack eintreten, während nach MERKEL[6]) die Zahl der mit doppelter Mündung versehenen Thränenröhrchen bedeutend überwiegt.

Nach den Beobachtungen, welche ich an 20 Köpfen machte, die theils in frontaler, theils in sagittaler, theils in horizontaler Richtung durchschnitten waren, fehlt das Sammelrohr niemals, und nach meiner Ansicht muss der bis jetzt in Deutschland allgemein gültige Satz, dass das Sammelrohr rücksichtlich seines Vorkommens variire, dahin umgeändert werden, dass nicht das Sammelrohr, sondern die Länge desselben bei verschiedenen Individuen sehr verschieden ist. Ist das Sammelrohr sehr kurz und weit und der Thränensack nicht vollkommen entleert, so kann bei der einfachen Messerpräparation, welche, wie es scheint, bis jetzt allein angewandt wurde, sehr leicht der Schein eintreten, als habe man gesonderte Mündungen vor sich, indem das sehr kurze und weite Sammelrohr hier nicht in die Augen fällt; anders ist es dagegen an Schnittpräparaten, welche nach meiner Ansicht für die definitive Entscheidung der vorliegenden Frage allein maassgebend sind. Durch die vorausgegangene Härtung, welche für die Schnittführung eine unerlässliche Vorbedingung ist, erhalten wir den Thränensack in seinen, wenn auch vielleicht etwas verkleinerten, jedenfalls aber relativ normalen Dimensionen, und das Sammelrohr, welches bei der Präparation eines frischen oder

1) l. c. S. 230.

2) Prager Vierteljahrschrift. Jahrg. 1866. Bd. II. S. 125.

3) Archiv für Anatomie und Physiologie. Jahrg. 1868. S. 289.

4) Anatomie des menschlichen Kopfes. Tübingen 1867. S. 380.

5) Handbuch der systematischen Anatomie des Menschen. 2. Aufl. Bd. II. S. 736.

6) Gräfe und Sämisch's Handbuch der gesammten Augenheilkunde. Bd. I. S. 93.

noch wenig gehärteten Objektes mit dem Secirmesser als eine kaum merkliche seitliche Erweiterung des Thränensackes erscheint, tritt hier als wirkliche Röhre auf. An zehn frontalen Kopfschnitten, Embryonen, Kindern und Erwachsenen entnommen, vermisste ich das Sammelrohr nie, war aber allerdings erstaunt über die geringe Ausdehnung des Thränensackes nach der lateralen Seite hin; denn der an solchen frontalen Schnitten bestimmte Durchmesser des Thränensackes in der Höhe seiner Vereinigung mit dem Sammelrohr ging auch bei dem Erwachsenen nicht über 2,5 Mm. hinaus.

Das Sammelrohr hat einen horizontalen geradlinigen Verlauf und liegt mit dem Thränensack bereits in dem später zu beschreibenden dreieckigen Raume, der von den beiden Schenkeln des Lig. palpebr. med. und der knöchernen Thränenfurche gebildet wird. Mit dem vorderen Schenkel des genannten Bandes ist es nicht, wie der Thränensack, fest verwachsen, sondern an denselben nur locker angeheftet. Durchschneidet man diesen Schenkel genau in seiner Mitte, so wird dadurch nicht, wie man früher annahm, der Thränensack geöffnet, sondern das Sammelrohr getroffen.

In der Schleimhaut der Thränencanälchen trifft man nicht selten Faltenbildungen an. Dieselben sind nicht einfache Erhebungen des Epithels, sondern als leichte Duplicaturen der Tunica propria zu betrachten, welche das Epithel nach dem Lumen des Röhrchens vorschieben. Die muskulöse Hülle der Thränencanälchen ist niemals an der Bildung dieser Falten betheiligt. Solche Falten fand ich in geringer Anzahl und Ausbildung in allen Abtheilungen der Thränencanälchen, kann aber nicht behaupten, dass dieselben auch während des Lebens vorhanden gewesen seien. Meine Untersuchungen sind nämlich nur an Schnitten vorher stark gehärteter Präparate vorgenommen, und es können daher die beobachteten Faltungen der Schleimhaut wohl auch Folge der härtenden Methode sein. Dafür spricht auch der Umstand, dass eine anatomische Constanz rücksichtlich des Gebundenseins dieser Falten an gewisse Oertlichkeiten nicht zu existiren scheint. Nur an zwei Stellen kommen Falten häufiger vor; einmal an der Grenze zwischen der oberen und unteren Abtheilung des vertikalen Stückes, also an der Angustia, und dann an der Uebergangsstelle der Thränencanälchen in das Sammelrohr.

Die Falte der Angustia erschien nie als eine vollständige Ringfalte, sondern umfasste höchstens die Hälfte des Lumens der Röhre, und ihre Kante war immer dem Trichter zugewandt. Diese Falte, welche sich jedoch durchaus nicht immer nachweisen lässt, ist offenbar identisch mit jener Klappe der Thränencanälchen, die FOLTZ am Grunde des trichterförmigen Raumes beschrieb, zu welchem die Thränenpunkte führen, und die auch BOCHDALEK gesehen zu haben scheint.

An der Uebergangsstelle beider Thränencanälchen in das Sammelrohr macht das Verhalten der Schleimhaut weniger den Eindruck einer Falte, als den eines Wulstes, und zwar erscheint dieser Wulst nicht entsprechend den beiden Canälchen abgetheilt, sondern bei der nahen Aneinanderlage der letzteren umgiebt ein schwacher Ringwulst die Oeffnungen beider Canälchen. Die beiden Knötchen, welche BERAUD [1]) als Tubercules mammellonés an diesem Wulste in dem oberen und unteren Theile der Mündung der Canälchen beschrieb, konnte ich nicht auffinden. Der Uebergang der Schleimhaut des Sammelrohres in jene des Thränensackes erfolgt in der Regel vollkommen glatt und gerade an dieser Stelle scheinen Faltenbildungen am seltensten vorzukommen.

Die Thränencanälchen bestehen aus einer inneren, das Lumen begrenzenden epithelialen Schichte und einer äusseren Haut, die sich aus verdichtetem Bindegewebe, gemengt mit elastischen Fasern, zusammensetzt und als Tunica propria beschrieben wird. Diese äussere Haut ist, mit Ausnahme des Sammelrohres, umgeben von Bündeln quergestreifter Muskulatur, welche verschiedenen Abtheilungen des Musc. orbicul. palpebr. angehört.

Das Epithel der Thränencanälchen ist geschichtetes Pflasterepithel und hat im Verhältniss zu dem Lumen der Röhrchen und der Dicke der Tunica propria eine sehr bedeutende Stärke. An einer Reihe von Durchschnitten zählte ich nie weniger als zehn Lagen auf einander folgender Zellen, häufig aber auch deren elf

---

1) Description d'une valvule inconnue jusqu'ici, qui existe dans les voies lacrymales chez l'homme. Gazette medicale No. 26. Jahrg. 1851. p. 413.

und zwölf; daher ist die Dicke der epithelialen Schichte beträchtlich und schwankt zwischen 0,120 bis 0,130 Mm. Die tiefsten Zellen dieser Schichte zeichnen sich durch ihre grossen Kerne und ihre exquisit längliche Gestalt aus. Dieselben sind wie die Zellen des cylindrischen Epithels gestellt; ein ovaler Kern scheint unmittelbar neben dem andern zu liegen, und Protoplasma findet sich nur oberhalb und unterhalb der Kerne. Auch in den beiden folgenden Lagen überwiegt noch der Längsdurchmesser der Zellen, und erst in der vierten Lage platten sich die Zellen ab und erscheinen an ihrer Peripherie gerifft. Die dem Lumen zunächst gelegenen Zellen zeigen die bekannten Charactere des Schleimhautplattenepithels.

Die Tunica propria ist nur halb so stark als die epitheliale Schichte; ihre Dicke beträgt durchschnittlich 0,060 Mm. Dieselbe besteht aus dichten stark zusammengedrängten Bindegewebebündeln, welche eine circuläre Anordnung besitzen. Diese Bündel sind untermengt mit zahlreichen Netzen feiner elastischer Fasern, deren Gegenwart die den Ophthalmologen bekannte grosse Ausdehnungsfähigkeit der Thränencanälchen erklärt. An Querschnitten, die mit Hämatoxylin gefärbt sind, werden auch ohne vorhergehende Behandlung mit Essigsäure, jedoch nur ganz vereinzelt, exquisit stäbchenförmige Kerne sichtbar, gleichfalls quergestellt, welche kaum etwas anderem, als muskulösen Faserzellen angehören können; doch ist auf die Gegenwart dieser letzteren bei der Seltenheit des Vorkommens der stäbchenförmigen Kerne kein besonderes Gewicht zu legen. Nach innen gegen das Lumen der Canälchen wird die Verdichtung der Faserung der Tunica propria immer stärker, und letztere wird hier zu einer homogenen Basalhaut von 0,003 Mm. Dicke. Die freie Fläche dieser Basalhaut, auf welcher die tiefste Lage der Zellen der epithelialen Schichte aufsitzt, ist nicht glatt, sondern fein gerifft und erscheint daher an Durchschnitten nach Entfernung des Epithels gezähnelt. Nach aussen nimmt die Dichtigkeit des Bindegewebes der Tunica propria mehr und mehr ab, um schliesslich in Continuität mit jenem Bindegewebe zu treten, welches die einzelnen Bündel der Muskellage der Thränencanälchen von einander trennt. Der Gefässreichthum der Tunica propria ist nicht bedeutend; doch finden sich in derselben Netze feiner Capillaren, welche längliche Maschen bilden und bis an die Basalhaut herantreten. Absondernde Drüsen konnte ich in der Schleimhaut der Thränencanälchen niemals beobachten.

Die meiste Beachtung hat jene Schichte quergestreifter Muskelbündel gefunden, welche die Tunica propria der Thränencanälchen umgiebt, und zwar einfach aus dem Grunde, weil es so nahe liegt, aus der Anordnung dieser Muskulatur physiologische Schlüsse auf den Vorgang der Thränenleitung zu ziehen. Ich werde mich der letzteren vollkommen enthalten, da dieselben so leicht auf die anatomische Beschreibung influiren, und nur das berichten, was mir ausserordentlich zahlreiche in den verschiedensten Richtungen und an verschiedenen Stellen der Thränencanälchen angelegte Schnitte ergaben; denn nur durch Vergleichung zahlreicher successiver Schnittreihen lässt sich die Frage der Muskulatur der Thränencanälchen einer endgültigen Erledigung entgegenführen. Von einer Wiedergabe der gerade in Beziehung auf diese Frage bereits ziemlich reichhaltigen Literatur und der Ansichten verschiedener Beobachter über die Beziehungen der einzelnen Abtheilungen des Musc. orbicul. palpebr. zu den Thränencanälchen glaube ich schon deshalb absehen zu müssen, weil die beiden neuesten selbständig erschienenen und daher leicht zugänglichen Schriften [1]) über die Thränenwege gerade in dieser Beziehung kaum etwas zu wünschen übrig lassen.

Von den verschiedenen Abtheilungen der Thränencanälchen ist nur das dem Thränensack zunächst gelegene Sammelrohr ganz frei von Muskulatur; dagegen ist das vertikale wie das horizontale Stück von Bündeln des Musc. orbicul. palpebr. umgeben, welche sich jedoch in dem vertikalen Stück ganz anders verhalten, als in dem horizontalen. Betrachten wir zunächst die Muskulatur des ersteren.

Die Bündel willkürlicher Muskelfasern, welche das vertikale

---

1) Th. Walzberg, Ueber den Bau der Thränenwege der Haussäugethiere und des Menschen. Gekrönte Preisschrift. Rostock 1876. — G. A. Krehbiel, Die Muskulatur der Thränenwege und der Augenlider mit specieller Berücksichtigung der Thränenleitung. Stuttgart 1878.

Stück der Thränencanälchen umgeben, sind ein Theilglied der zuerst von RIOLAN als Musc. ciliaris beschriebenen Abtheilung des Musc. orbicul. palpebr. Dieser Muskel, dessen Faserverlauf ein wesentlich horizontaler, von dem medialen nach dem lateralen Augenwinkel hin gerichteter ist, tritt am schönsten an sagittalen Schnitten der Lider hervor (Fig. 5. *M. R.* Taf. I). Derselbe nimmt die hintere Hälfte des Lidrandes ein, seine hintersten Bündel liegen unmittelbar unter dem subconjunctivalen Bindegewebe, seine vordersten zwischen den Wurzeln der Cilien. Das dem Lidrande zunächst gelegene erste Fünftheil der Tarsaldrüsen ist ganz von dem RIOLAN'schen Muskel eingeschlossen, Bündel desselben drängen sich zwischen die einzelnen Drüsenblasen und umgeben den Ausführungsgang bis zu dem Durchtritt desselben durch die Haut. Von dem unter der Cutis der Lider gelegenen Theile des Musc. orbicul. palpebr. ist der RIOLAN'sche Muskel meist ganz geschieden; seltener hängt er mit dem subcutanen Lidmuskel durch einzelne recht dünne Bündel zusammen und unterscheidet sich von dem letzteren auch noch durch den weit geringeren Querschnitt seiner Bündel, der in maximo 0,1 Mm. beträgt. Der RIOLAN'sche Muskel nimmt, wie ich bei der mikroskopischen Untersuchung frontaler Schnitte direct beobachten konnte, seinen Ursprung von der vorderen Fläche, sowie von dem oberen und unteren Rande des vorderen Schenkels jener Abtheilung des Lig. palpebr. med., welche mit den beiden Lidknorpeln verbunden ist, und ist auf das laterale Viertheil des genannten Bandes beschränkt. Da die Fasern des Muskels von diesen Ursprungspunkten aus in lateraler Richtung verlaufen und in das bereits erwähnte Lagenverhältniss zu den Tarsaldrüsen treten, so müssen sie nothwendig auch in Beziehung zu dem vertikalen Stück der Thränencanälchen gelangen, das ja in derselben Flucht liegt, wie die gleichfalls vertikal gestellten Tarsaldrüsen, und von welchem der Ausführungsgang der am meisten medial gelegenen Drüse nur 0,5 Mm. entfernt ist.

Die Beziehungen des RIOLAN'schen Muskels zu dem vertikalen Stück der Thränencanälchen können theils an Sagittalschnitten, welche das vertikale Stück treffen, theils an einer successiven Reihe von Horizontalschnitten klar gelegt werden. Was zunächst diese letzteren betrifft, so zerlegte ich mit Hülfe des Mikrotoms von LEYSER das vertikale Stück eines Thränencanälchens in zwanzig horizontale Schnitte, von denen jeder durchschnittlich eine Dicke von 0,1 Mm. hatte. Von diesen Schnitten ist Nr. 2, 3 und 8 in Fig. 6, 7 und 8 (Taf. I) dargestellt. An dieser Schnittreihe konnte ich constatiren, dass die dem Lidrande zunächst gelegenen Fasern des RIOLAN'schen Muskels allein vor dem vertikalen Stück der Thränencanälchen verlaufen. Nur der erste Schnitt, welcher noch ganz in die Haut fiel, war frei von Muskulatur; schon an dem zweiten (Fig. 6. Taf. I) waren Muskelfasern vor dem Thränencanälchen zu bemerken, während die auf diesem Schnitt sichtbare dem Thränencanälchen zunächst gelegene Tarsaldrüse (Fig. 6 *G. T.* Taf. I) bereits vorn und hinten von Muskulatur umgeben war. An dem dritten (Fig. 7. Taf. I) und vierten Schnitt waren hinter dem Thränencanälchen keine Muskeln sichtbar, welche sehr spärlich erst an dem fünften Schnitt auftraten. Von da an wurden die hinteren, d. h. die zwischen der Conjunctiva und dem Thränencanälchen verlaufenden reichlicher, blieben aber in ihrer Zahl immer gegen die vor dem Canälchen verlaufenden zurück.

Mit dem Ergebniss der horizontalen Schnittreihe steht in vollkommener Uebereinstimmung dasjenige, was der durch die Mitte des vertikalen Stückes des Thränencanälchens gelegte Sagittalschnitt lehrt (Fig. 9. Taf. I). An solchen Präparaten konnte mit Leichtigkeit constatirt werden, dass die hinter dem Thränenröhrchen gelegenen, also die subconjunctivalen Muskelfasern, erst in einer Entfernung von 0,5 Mm. von dem Thränenpunkte sichtbar werden, während die vor dem Thränencanälchen verlaufenden Muskeln bis hart an den Thränenpunkt herantreten.

An jedem horizontalen Querschnitt, an welchem vor und hinter dem Thränencanälchen Muskelbündel sichtbar sind, treten auch Fasern auf, welche die vorderen mit den hinteren verbinden (Fig. 8. Taf. I), wodurch dann das Canälchen allseitig von horizontal verlaufender Muskulatur umgeben wird, welche MERKEL[1]) als Sphincter bezeichnete. Aus reinen Kreisfasern ist übrigens

---

1) l. c. S. 95.

dieser Sphincter nicht zusammengesetzt; denn neben den das Thränenröhrchen umgebenden horizontalen Fasern sieht man immer auch mehr oder weniger zahlreiche Muskelbündel, die quer durchschnitten sind, welche also eine einfach verengernde Wirkung nicht ausüben können (Fig. 6. Taf. I); auch in der MERKEL'schen Abbildung Nr. 52 sind diese quer durchschnittenen Bündel angedeutet.

MERKEL und ihm folgend WALZBERG[1]) verlegen die Ringmuskulatur des vertikalen Stückes des Thränencanälchens in die Thränenpapille. Da aber die Thränenpapille kürzer ist als der papillare Theil des vertikalen Stückes, so kann von einem wirklichen Kreismuskel in dem Gebiete der Thränenpapille nicht die Rede sein; denn die hinter dem Thränencanälchen horizontal verlaufenden Muskelfasern treten erst an der Grenze zwischen papillarem Theil und Trichter, demnach an der Angustia, auf. Wenn aber über der Angustia die hinter dem Thränenröhrchen verlaufenden horizontalen Muskelfasern fehlen, so kann auch über der Angustia, also in dem ganzen Gebiete der Thränenpapille, eine Ringmuskulatur nicht vorhanden sein. Von der Thatsache, dass die das Thränenröhrchen allseitig umgebenden horizontal verlaufenden Muskelfasern erst an dem Beginn des Trichters, an der Angustia, auftreten, überzeugt man sich leicht an frontalen Schnitten, welche das ganze vertikale Stück des Thränencanälchens umfassen. Hier müssen die die vorderen mit den hinteren Muskeln verbindenden Bündel im Querschnitt erscheinen; diese sehr feinen quer durchschnittenen Bündel werden aber erst an dem Anfang des Trichters in der Höhe der Angustia wahrnehmbar (Fig. 9. Taf. I).

Die untere Grenze der Ringmuskulatur fällt ziemlich genau mit jener Verengerung zusammen, welche das vertikale Stück des Thränencanälchens von dem horizontalen scheidet. Da der erste horizontale Divertikel noch in das Gebiet des vertikalen Stückes fällt, so ist derselbe auch noch von Ringmuskulatur umgeben.

Ganz andere Verhältnisse zeigt die Muskulatur der horizontalen Abtheilung der Thränencanälchen. Diese Muskeln entspringen

---

1) l. c. S. 45.

zum grösseren Theile von der Crista lacrymal. poster., entsprechen also jenem tiefen Ursprung des Muscul. orbicul. palpebr., der unter dem Namen des HORNER'schen Thränensackmuskels in der Anatomie bekannt ist; zum kleineren Theile kommen sie von dem vorderen Schenkel des Lig. palpebr. med. HENKE[1]) hat, um dem doppelten Ursprung und der Beziehung des Muskels zu den Thränenorganen Ausdruck zu geben, den meiner Ansicht nach practischen Vorschlag gemacht, die von der Crista lacrym. post. stammenden Fasern, also den Muskel von HORNER, als Muscul. lacrym. post., die von dem vorderen Schenkel des Lig. palpebr. med. kommenden Bündel aber als Muscul. lacrym. ant. zu bezeichnen, eine Nomenklatur, der auch ich folgen werde.

Der Muscul. lacrym. post. führt eigentlich mit Unrecht den Namen von HORNER, der auf denselben erst im Jahre 1824 aufmerksam machte, während ihn schon DUVERNEY[2]) kannte und bereits im Jahre 1749 beschrieb. Als Ursprung des Muskels muss die der Augenhöhle zugewandte, d. h. laterale Fläche der Crista lacrym. post. betrachtet werden, welche nicht selten als Marke dieses Ursprunges einen im vertikalen Durchmesser 9 Mm. langen und 3 Mm. breiten Eindruck trägt, welchen ich an siebzehn darauf untersuchten Schädeln siebenmal constatiren konnte und der vorn durch die Kante der Crista lacrym. post. begrenzt ist. Der Muscul. lacrym. post. entspringt demnach nur von der lateralen Fläche der Crista lacrym. post. (Fig. 10. *M. l. p.* u. *C. l. p.* Taf. II) in einer Höhenausdehnung von 10—12 Mm., und hat deshalb mit dem Thränensack, der in dem Sulcus lacrym. liegt und dessen laterale Wand der medialen Fläche der Crista lacrym. post. zugekehrt ist, durchaus keine directen Beziehungen. KREHBIEL[3]) lässt den Muskel mit zwei Portionen entspringen, welche sich unmittelbar nach ihrem Ursprung kreuzen sollen, so dass die obere Portion in die Bahnen des Muscul. orbicul. palpebr. des unteren Lides, die untere in die des oberen Lides gelange. An mehreren

1) Archiv für Ophthalmologie. Bd. IV. Abtheil. 2. S. 73.

2) Rücksichtlich der Geschichte und Literatur dieses Muskels verweise ich auf den Aufsatz von LESSHAFT: Ueber den Muscul. orbitalis orbitae, in dem Archiv für Anatomie und Physiologie. Jahrg. 1868. S. 283.

3) l. c. S. 13.

in sagittaler Richtung durchgeführten Reihen von Kopfschnitten, die eine mikroskopische Untersuchung zuliessen, überzeugte ich mich, dass allerdings eine Kreuzung der Ursprungsfasern des Muscul. lacrymal. poster. vorkommt; dieselbe ist aber nur eine partielle und auf das mittlere Gebiet des Muskels beschränkte. Die oberen und unteren Ursprungsbündel des Muskels kreuzen sich nicht, und gehen die ersteren zu dem oberen, die letzteren zu dem unteren Lide; übrigens ist diese partielle Kreuzung nicht neu, sondern schon in Fig. 65 der HENLE'schen Myologie angedeutet.

Der Muscul. lacrym. post. ist sowohl hinten wie vorn von einer fibrösen Membran bedeckt, wie dieses recht gut durch eine schematische Zeichnung von TILLAUX [1]) dargestellt ist. Die hintere Ueberdeckung ist ein Theilglied des Septum orbitale, worauf ich in der folgenden Abhandlung über die TENON'sche Binde zurückkommen werde; die vordere dagegen ist nichts anderes, als jenes Gebilde, welches zuerst von CRUVEILHIER und später von SAPPEY als Tendon réfléchi du muscle orbiculaire beschrieben wurde und das HENLE als hinteren Schenkel des Lig. palpebr. med. in die deutsche Anatomie einführte. Obgleich ich weder den französischen noch den deutschen Namen für eine Formation, die offenbar nichts anderes darstellt, als die Fascie des Muscul. lacrym. post., sehr glücklich gewählt finde, werde ich doch der HENLE'schen Benennung folgen, da nichts mehr als die Einführung neuer Namen, selbst wenn sie die bezeichnendsten sind, hemmend auf anatomische Studien wirkt und zu Irrungen Veranlassung giebt. Dieser hintere Schenkel des Lig. palpebr. med., der viel dünner und an seinem Ursprung mehr als das Doppelte so breit ist als der vordere, geht von der Kante der Crista lacrym. post. ab, wo er mit dem Periost in Continuität steht. Die Breite oder vielleicht besser gesagt, die Höhe desselben, ist am grössten an seinem Ursprung; in seinem lateralwärts und nach vorn gerichteten Verlaufe verschmälert er sich bedeutend, um mit dem vorderen Schenkel, der bekanntlich an dem Process. frontalis des Oberkiefers entspringt, etwa 2 Mm. vor dessen Uebergang in die

---

1) Traité d'anatomie topographique. Paris 1875. Vol. I. p. 245. Fig. 76.

Tarsalknorpel zu verschmelzen. Der hintere Schenkel des Lig. palpebr. med. bildet daher ein vollständiges Septum zwischen dem Muscul. lacrym. post. und dem Thränensack, mit dessen äusserer fibröser Wand er übrigens so fest verwachsen ist, dass auch bei der mikroskopischen Untersuchung von Horizontalschnitten eine scharfe Trennungslinie zwischen der Wand des Thränensackes und dem hinteren Schenkel des Lig. palpebr. med. nicht aufzufinden ist.

Die Lage der oberen Thränensackhälfte zu dem Knochen und den beiden Schenkeln des Lig. palpebr. med. gestaltet sich so, dass der Thränensack in ein Dreieck zu liegen kommt, dessen mediale leicht ausgehöhlte Basis der Sulcus lacrym. des Knochens, dessen vordere Cathede der vordere Schenkel und dessen hintere Cathede der hintere Schenkel des Lig. palpebr. med. bildet. Frei aber liegt der Thränensack durchaus nicht in diesem dreieckigen Raume, welchen er übrigens selbst in dem Zustand seiner grössten Füllung unter normalen Verhältnissen nicht ganz ausfüllt, sondern seine mediale Wand ist verwachsen mit dem Periost, seine vordere mit dem vorderen und seine hintere mit dem hinteren Schenkel des Lig. palpebr. med. Nur die laterale Wand des Thränensackes bleibt von Verwachsung frei; mit dieser vereinigt sich aber das Sammelrohr der beiden Thränencanälchen, welches ganz in den genannten dreieckigen Raum zu liegen kommt, aber weder vorn noch hinten mit den beiden Schenkeln des Lig. palpebr. med. fest verwachsen, sondern nur locker an dieselben angeheftet ist.

Die nächste sich aufdrängende Frage wird nun die sein: Wie gelangt das Sammelrohr in diesen dreieckigen durch Knochen und Fasciengebilde geschlossenen Raum? Dieses wird dadurch ermöglicht, dass sowohl das obere wie das untere Thränencanälchen durch feine Oeffnungen des hinteren Schenkels des Lig. palpebr. med. treten, nach ihrem Durchtritt aber alsbald sich zu dem Sammelrohr vereinigen. An einem etwas dickeren Sagittalschnitt, der mehr ein sagittaler Schrägschnitt war, konnte ich diesen Durchtritt der Thränencanälchen direct beobachten. Das Sammelrohr, sowie der ganz minimale Theil der Thränencanälchen, welcher den hinteren Schenkel des Lig. palpebr. med. durchsetzt, ist daher auch ganz muskelfrei.

In der Nähe der Stelle, an welcher die Verwachsung des vorderen mit dem hinteren Schenkel des Lig. palpebr. med. stattfindet, trennen sich die Bündel des Muscul. lacrym. post. in zwei Portionen, von welchen die eine nach aufwärts zu dem oberen, die andere nach abwärts zu dem unteren Augenlid sich begiebt. Die Fasern beider Portionen verlaufen wesentlich horizontal nach der lateralen Seite, die oberen leicht an-, die unteren leicht absteigend. Dieselbe Verlaufsweise hält aber auch das horizontale Stück der Thränencanälchen ein, so dass die Bündel der oberen Portion des Muscul. lacrym. post. parallel dem oberen, die der unteren Portion parallel dem unteren Thränencanälchen lateralwärts ziehen. Auf diese Weise wird das horizontale Stück der Thränenröhrchen von quergestreifter Längsmuskulatur umgeben, die in ihrem Ursprung hauptsächlich auf den Muscul. lacrym. post. zurückzuführen ist. Diese Längsmuskulatur stammt aber nicht allein von dem Muscul. lacrym. post., sondern es betheiligt sich daran, allerdings nur in untergeordneter Weise, auch ein Theil der von dem vorderen Schenkel des Lig. palpebr. med. entspringenden Muskelfasern, die wir mit Henke Muscul. lacrym. ant. nennen wollen.

Der vordere Schenkel des Lig. palpebr. med. ist der Ausgangspunkt einer grossen Anzahl von Muskelbündeln; von demselben entspringt ausser der oben geschilderten Abtheilung des Muscul. orbicul. palpebr., der als Muskel von Riolan bekannt ist, eine beträchtliche Menge der Muskulatur sowohl des tarsalen wie des orbtitalen Lidtheiles; auch gehen von demselben Verbindungsfasern sowohl zu dem Stirnmuskel nach oben, wie bisweilen auch nach unten zu Nasen- und Lippenmuskeln ab. Der Ursprungspunkt dieser Muskelbündel ist der obere und untere Rand des vorderen Schenkels des Lig. palpebr. med. Aber auch von der hinteren Fläche des vorderen Schenkels gehen Muskelbündel ab, welche allein mit den Thränencanälchen in Beziehung treten und die daher auch nur allein den Namen „Muscul. lacrym. ant.“ beanspruchen können. Mit der gewöhnlichen Auffassung, nach der man sich den ganzen vorderen Schenkel des Lig. palpebr. med. mit der vorderen Wand des Thränensackes verwachsen denkt, ist die Thatsache, dass auch von der hinteren Fläche dieses Schenkels Muskeln entspringen, allerdings nicht vereinbar; denn nur die mediale Hälfte des vorderen Schenkels des Lig. palpebr. med. liegt auf der vorderen Fläche des Thränensackes bis hart an dessen oberes spitz zulaufendes Ende (Fundus) und geht mit diesem Theile des Thränensackes eine innige Verbindung ein. Auch ist die alte Vorschrift, dass man, um auf den Thränensack zu kommen, genau die Mitte des durch die Haut sichtbaren Lig. palpebr. med. sagittal einzuschneiden habe, nichts weniger als zutreffend, wovon ich mich häufig genug in dem Secirsaale bei dem Versuch, durch diesen Schnitt eine Sonde in den Thränennasengang einzuführen, zu überzeugen Gelegenheit hatte; man öffnet erst sicher den Thränensack, wenn man den sagittalen Schnitt durch den vorderen Schenkel des Lig. palpebr. med. an der Grenze des medialen und zweiten Drittheiles dieses Bandes führt.

Der grössere Theil der lateralen Hälfte des vorderen Schenkels des Lig. palpebr. med. grenzt nach hinten an das Sammelrohr beider Thränenröhrchen und ist mit demselben durch lockeres Bindegewebe, das nur ausnahmsweise etwas Fett führt, verbunden. Von der hinteren Fläche dieser lateralen Hälfte des Bandes entspringt nun der Muscul. lacrym. ant. (Fig. 10 *M. l. a.* Taf. II), dessen Bündel lateralwärts und nach hinten ziehen. Der Ursprung der Fasern dieses Muskels kommt wenigstens theilweise noch in jenen im Horizontalschnitt dreieckigen Raum zu liegen, der medial von dem Knochen, vorn von dem vorderen und hinten von dem hinteren Schenkel des Lig. palpebr. med. abgeschlossen wird; es fragt sich zunächst, auf welchem Wege die Muskelbündel diesen Raum verlassen. Hier muss ich daran erinnern, dass der hintere Schenkel des Lig. palpebr. med., welcher mit in der vertikalen Dimension breiter Basis von der Kante der Crista lacrym. post. abgeht, sich in seinem Verlaufe nach vorn und lateralwärts immer mehr verschmälert. Ueber und unter diesem lateral verschmälerten Theile des hinteren Schenkels verlaufen nun die Bündel des Muscul. lacrym. ant. und gehen dabei eine theilweise Kreuzung mit den Bündeln des Posterior ein (Fig. 10 *K.* Taf. II). So kommt es, dass Fasern des vorderen Muskels auch an die hintere Wand der Thränencanälchen gelangen, während die Fasern des hinteren Muskels auch an der vorderen oberen und unteren Wand der Thränenröhrchen und zwar mit denselben parallel verlaufen.

Nur an der Stelle der partiellen Kreuzung der Bündel des vorderen und hinteren Lacrymalmuskels, welche ziemlich nahe dem Uebergangspunkt beider Thränencanälchen in das Sammelrohr liegt, finden sich neben den longitudinalen auch transversale in schräg sagittaler Richtung verlaufende Muskelfasern an der äusseren Wand der Thränenröhrchen; an dem weitaus grössten Theile des horizontalen Stückes kommen aber nur Längsmuskeln, d. h. parallel dem Röhrchen verlaufende Bündel vor, wovon man sich leicht an sagittalen Schnitten des horizontalen Stückes überzeugen kann; alle Muskelbündel sind hier, wie das Thränencanälchen selbst, einfach quer durchschnitten (Fig. 11. Taf. I).

Krehbiel.[1]) behauptet, dass die Thränencanälchen, und zwar von ihrer Einmündungsstelle an bis hart unter die Papillen, allseitig von Muskelfasern umgeben sind, und dass diese zum weitaus grössten Theile entgegengesetzte, diagonal verlaufende, sich selbst kreuzende Spiraltouren um die Canälchen bilden, die bei Betrachtung von Querschnitten wirklichen Ringmuskeln ähnlich sehen. Auch sollen nach Krehbiel sämmtliche in Spiraltouren um die Thränencanälchen verlaufenden Muskelfasern von dem Muscul. Horneri, unserem hinteren Thränenmuskel, stammen und die eigenthümliche Anordnung in Spiraltouren auf die Kreuzung der Ursprungsbündel dieses Muskels zurückzuführen sein. Ich muss gestehen, dass mir nach dem, was ich über die Muskulatur der Thränencanälchen gesehen habe, diese Angaben vollkommen unverständlich sind, wie denn überhaupt jede Beschreibung der muskulösen Umhüllung der Thränenröhrchen, welche nicht auf die beiden Hauptabtheilungen derselben, die vertikale und die horizontale, Rücksicht nimmt, nur von untergeordnetem Werthe sein dürfte.

Schliesslich habe ich noch die Frage zu berühren, ob sich einzelne Fasern der die Thränencanälchen umgebenden Muskelbündel an die Tunica propria wirklich ansetzen, wodurch diese Hülle der Thränenröhrchen zu gewissen Muskelfasern in das Verhältniss einer Sehne träte. An Zerzupfungspräparaten ist diese Frage, wie ich aus mehrfachen Versuchen weiss, durchaus nicht zu entscheiden; auch hier können nur Schnittpräparate maassgebend

---

1) l. c. S. 19.

sein; allein auch die feinsten Schnitte, an welchen bisweilen die Verbindung von Muskelfäden mit dem Bindegewebe der Tunica propria ganz offen zu Tage zu liegen scheint, können meiner Ansicht nach nicht jeden Zweifel an der Annahme beseitigen, dass hier das gewöhnliche Verhältniss des Muskelfadens zu seiner Sehne vorliege. Man hat zwar manchmal Gelegenheit, konisch sich zuspitzende Muskelfäden zu beobachten, welche, wie bei dem Uebergang des Muskels in die Sehne, allseitig von Bindegewebefibrillen umgeben sind, und solche Bilder waren es, welche mich früher bestimmten, Insertionen einzelner Muskelfasern an der Wand der Thränencanälchen anzunehmen. Ueberlegt man aber, dass wir kein diagnostisches Hülfsmittel besitzen, das wirklich konisch zugespitzte Ende eines Muskelfadens, wie dasselbe uns sonst bei dem Uebergang von Muskel in Sehne entgegentritt, zu unterscheiden von dem künstlich angelegten Schrägschnitt eines Muskelfadens, der möglicherweise auch exquisit konisch gestaltet sein kann, so empfiehlt sich jedenfalls die grösste Vorsicht bei der definitiven Entscheidung dieser Frage. Nach meiner Ansicht kann dieselbe mit unseren jetzigen Hülfsmitteln noch nicht gelöst werden, und es erscheint mir daher der Versuch, die Möglichkeit der Erweiterung der Thränencanälchen in Folge der Insertion von Muskulatur an ihrer äusseren Wandfläche als ein die Thränenleitung mit bestimmendes Moment anzunehmen, vor der Hand noch nicht von dem anatomischen Standpunkte aus gerechtfertigt.

Die Tenon'sche Binde, untersucht an Durchschnitten der Augenhöhle.

Hierzu Fig. 12 (Taf. II).

Die von dem Fette der Augenhöhle gebildete Pfanne, in welcher der Augapfel seine Drehbewegungen vollführt, ist vorne von dem Fette durch eine dünne aus mässig verdichtetem Bindegewebe bestehende Membran abgegrenzt, welche Tenon zuerst in dem Jahre 1806 beschrieb und die seitdem den Namen der Fascia oder auch Capsula Tenoni führt. Durch diese Binde wird die Augenhöhle in eine vordere für den Augapfel bestimmte und in eine hintere Abtheilung gebracht, welche hauptsächlich mit Fett ausgefüllt ist. Für den practischen Ophthalmologen wird diese Binde deshalb von hoher Bedeutung, weil sie die hinter dem Augapfel befindlichen Theile zurückhält und deshalb wesentlich die Enucleation des Augapfels erleichtert; auch ist sie die Ursache, dass diese Operation in der Regel nicht von schweren Folgen, wie Blutungen, begleitet ist. Mit der äusseren Augenhaut, der Sclera, ist die Tenon'sche Binde nur durch sehr grossmaschiges laxes Bindegewebe verbunden, welches eine ausgiebige Verschiebung des Bulbus auf der Binde erlaubt und dadurch die Drehbewegungen des Auges möglich macht. Schon Linhart[1]) wollte die Tenon'sche Binde in ihrem Verhältniss zur Sclera als eine

1) Bemerkungen über die Capsula Tenoni. Würzburger Verhandlungen Bd. IX. S. 245.

Art Schleimbeutel aufgefasst wissen; allein erst SCHWALBE[1]) hat diesem Vergleiche eine thatsächliche Unterlage gegeben, indem er nachwies, dass zwischen Sclera und TENON'scher Binde ein Lymphraum vorhanden ist, den er den TENON'schen nannte. Auf dem Wege der Injection zeigte SCHWALBE, dass dieser Lymphraum vermittelst des Bindegewebes, welches die die Sclera durchsetzenden Blutgefässe umgiebt, in Verbindung steht mit dem perichorioidealen Lymphraum, und durch Silberimprägnation, dass die Wände dieses Raumes, sowie die äussere Fläche der denselben durchsetzenden Bindegewebebündel von endothelialen Zellen ausgekleidet sind.

Die anatomischen Verhältnisse der hinteren Abtheilung der TENON'schen Binde liegen ziemlich klar vor, und über dieselben herrschen unter den Autoren nur wenige Differenzen. Von der dem Fette der Augenhöhle zugewandten Fläche der Binde gehen bindegewebige Fortsätze ab, welche zu den die Fettläppchen von einander trennenden Septula werden. An der Eintrittsstelle des Sehnerven in den Augapfel ist die Fascie nicht einfach durchbrochen, sondern sie umscheidet auf eine kurze Strecke den Sehnerven und die seinen Eintritt in den Augapfel begleitenden kleinen Gefässe und Nerven, um jedoch bald mit dem die Sehnervenscheide umhüllenden Bindegewebe zu verschmelzen (Fig. 12 *N. o.* Taf. II). Eine vollständige Verwachsung mit der eigentlichen Sehnervenscheide scheint aber hier nicht statt zu finden; denn SCHWALBE gelang es bei seinen Injectionsversuchen, die Flüssigkeit zwischen diesem Bindegewebe und der Sehnervenscheide bis zu dem Foramen opticum und selbst darüber hinaus bis in den Arachnoideallymphraum vorzutreiben.

Dagegen ist das vordere Ende der TENON'schen Binde und deren Beziehungen zu den Augenmuskeln verschieden aufgefasst worden. So lassen BUDGE[2]) und LUSCHKA[3]), denen sich auch

---

1) Untersuchungen über die Lymphbahnen des Auges und ihre Begrenzungen. Archiv für mikrosk. Anatomie. Bd. VI. S. 41.

2) Zeitschrift für rationelle Medicin. 3. Reihe. Bd. VII. 1859. S. 274.

3) Anatomie des Menschen. Band III. Abtheilung II: der Kopf. 1867. S. 389.

MERKEL[1]) anschliesst, die Fascie an der Cunjunctiva bulbi unweit des Hornhautrandes enden, während HENLE[2]) und MAGNI[3]) dieselbe schon in der Gegend der Insertion der geraden Augenmuskeln an dem Bulbus aufhören lassen. Auch rücksichtlich des Verhaltens der TENON'schen Binde zu den Sehnen der an den Augapfel sich ansetzenden Muskeln sind die Autoren nicht ganz gleicher Ansicht, indem nach den Einen die TENON'sche Binde von den Sehnen der Augenmuskeln einfach durchbrochen wird, nach den Andern dagegen die Sehnen von Fortsetzungen der TENON'schen Binde verschieden weit eingescheidet werden.

Diese verschiedene Darstellung einer in das Gebiet der makroskopischen Anatomie fallenden Materie zeigt, dass die gewöhnlichen Methoden der anatomischen Untersuchung nicht hinreichen, um die Verhältnisse des vorderen Abschnittes der TENON'schen Binde vollkommen klar zu legen. In der That ist es weder durch die gewöhnliche Präparation mit Messer und Scheere, noch auch an Durchschnitten der Augenhöhle möglich, eine genaue Einsicht in das Verhalten der vorderen Abtheilung der TENON'schen Binde zu gewinnen. Eine neue Untersuchungsmethode der hier in Betracht kommenden Verhältnisse führte SCHWALBE[4]) dadurch ein, dass er den Fortgang der Injectionsflüssigkeit, welche von dem Arachnoidealraum aus unter schwachem Druck in den TENON'schen Lymphraum eingespritzt wurde, beobachtete und dann aus der Vertheilung derselben in der vorderen Aequatorialhälfte des Augapfels auf die Ausdehnung der TENON'schen Binde einen Rückschluss machte. Derselbe fand, dass die Injectionsmasse, soweit sie sich unter den geraden Augenmuskeln befindet, nicht nach vorn über deren sehnigen Ansatz vordringt. Die Sehnen der geraden Augenmuskeln liegen nach SCHWALBE auf der Fascia TENONI und verwachsen mit ihrer inneren Fläche mit derselben.

---

1) Gräfe und Sämisch, Handbuch der gesammten Augenheilkunde. Bd. I. Theil I. 1874. S. 57.

2) Handbuch der Anatomie. 2. Aufl. Bd. II. S. 715.

3) Descrizione della capsula di TENONE in Rivista clinica di Bologna. No. 1. Mir bekannt nur aus dem Referate in dem Jahresbericht von VIRCHOW und HIRSCH für 1868. S. 15.

4) l. c. S. 39.

Demnach kann weder eine Durchbohrung der Fascie, wie LUSCHKA will, noch eine Ausstülpung derselben als Scheiden der Sehnen der Augenmuskeln, wie BUDGE behauptet, stattfinden, da man niemals, auch bei der gelungensten Injection, den Raum innerhalb der Muskelscheiden injicirt finde. Zwischen den geraden Augenmuskeln dringt dagegen die Injectionsflüssigkeit weiter nach vorn, oft bis dicht an den Rand der Hornhaut. SCHWALBE nimmt demnach rücksichtlich des vorderen Endes der TENON'schen Binde eine Mittelstellung ein, indem er dieselbe da, wo der Augapfel von den Sehnen der geraden Augenmuskeln gedeckt ist, schon an der Insertion dieser letzteren aufhören, zwischen den geraden Augenmuskeln dagegen die Fascie bis zu dem Hornhautrande gehen lässt.

Ganz abgesehen davon, dass SCHWALBE seine Injectionen nicht bei dem Menschen, sondern nur an Thieren (Kaninchen, Schafen) anstellte, scheinen mir dieselben doch nur einen sicheren Schluss über die Ausdehnung des TENON'schen Lymphraumes, nicht aber der eigentlichen Binde zu erlauben; denn es wäre denkbar, dass auch da, wo die vier geraden Augenmuskeln sich inseriren, die Fascie weiter nach vorn ginge, wenn auch der Lymphraum, wie SCHWALBE's Injectionen zweifellos zeigen, hier aufhört; ebenso wäre es möglich, dass Fortsetzungen der Fascie die Sehnen der Augenmuskeln einscheiden könnten, ohne dass der Lymphraum sich zwischen die letzteren und deren Scheiden ausdehnte.

Um mir in dieser Sache ein selbständiges Urtheil zu erwerben, habe ich in verschiedenen Richtungen geführte Durchschnitte der menschlichen Augenhöhle untersucht, welche so dünn waren, dass dieselben bei durchfallendem Lichte Beobachtungen bei 20 bis 60facher Vergrösserung zuliessen, d. h. jedenfalls die Stärke eines Millimeters nicht überschritten. An denselben treten die feineren Verhältnisse der TENON'schen Binde, welche an gewöhnlichen Schnitten nur mit dem unbewaffneten Auge oder bei Lupenvergrösserung beobachtet werden können, ungemein deutlich hervor und beseitigen jeden Zweifel über das anatomische Verhalten derselben in der vorderen Aequatorhälfte des Augapfels.

Bevor ich jedoch hierüber Näheres mittheile, will ich kurz

die Methode beschreiben, nach der solche 0,5 bis 1,0 Mm. starke Schnitte angefertigt werden. Ich besitze deren mehrere Tausende aus jeder Gegend des menschlichen Körpers, welche dadurch, dass sie vermittelst der Laterna magica in vergrössertem Maassstabe auf eine weisse Fläche projicirt werden können, ein unvergleichliches Hülfsmittel für den anatomischen Unterricht, namentlich in der topographischen Anatomie, darbieten. Während ich früher solche Durchschnitte nur von dem Fötus, Neugebornen oder Kindern aus dem ersten Lebensjahre anfertigen konnte, ist es mir in neuerer Zeit auch gelungen, tadelfreie Schnitte von Erwachsenen darzustellen.

Die beiden Vorbedingungen der Schnittführung sind ein bedeutender Härtegrad der Theile ohne Schrumpfung und unter Erhaltung des respectiven Lagerungsverhältnisses, ferner die Extraction der Kalksalze der Knochen, damit dieselben schnittfähig gemacht werden. Denselben wird Genüge geleistet durch successive Behandlung der Theile mit Chromsäure, Salpetersäure und Alkohol, wobei jedoch immer der Punkt zu berücksichtigen ist, dass das Volumen der Flüssigkeit mindestens fünfmal so gross ist, als das des Theiles, welcher hineingelegt wird. Der von einer möglichst frischen Leiche genommene Theil, der auch mit löslichem Berlinerblau und Gelatine injicirt sein kann, indem diese Injectionsmasse durch die weitere Behandlung mit den erwähnten Reagentien nicht leidet, wird, nachdem er zur Entfernung des Blutes nur kurz ausgewaschen, in eine Lösung von Chromsäure gebracht, welche beim Fötus 4, bei Kindern 6 und bei dem Erwachseneo 10 Theile Chromsäure auf 1000 Theile Wasser enthält. In dieser Lösung bleiben die in einem kühlen Räume bewahrten Präparate 2—4 oder 7—8 Wochen liegen, je nachdem sie dem Fötus, dem Kinde oder dem Erwachsenen entnommen sind; in dem letzteren Falle ist die Lösung nach Verlauf von 4 Wochen zu erneuern. Nach dieser Zeit sind dieselben schon so gut gehärtet, dass sie vollkommen schnittfähig sind. Wenn die Theile knochenfrei sind, wie z. B. die vor der Wirbelsäule befindliche Halsparthie oder das Scrotum mit beiden Hoden, so werden sie, nachdem sie einige Stunden unter laufendem Wasser gelegen, in starken Alkohol gebracht und können nach 2—3 Wochen geschnitten werden. Enthalten sie dagegen Knochen, so werden sie in verdünnte Salpetersäure gelegt, welche der Salzsäure, die ich früher auch anwandte, deshalb weit vorzuziehen ist, weil bei der letzteren die Quellung der Gewebe viel stärker sich geltend macht. Ich nehme die gewöhnliche ungereinigte Salpetersäure (Acid. nitr. fumans) in dem Verhältniss von 20—40 Theilen auf 1000 Theile Wasser. Bei Embryonen und Neugebornen, von welchen die ersteren 3—4 Wochen, die letzteren mehrere Monate, je nach Beschaffenheit der Theile (die längste Zeit erfordern Köpfe), liegen bleiben müssen, genügen 20 Theile Säure auf 1000 Theile Wasser. Bei älteren Individuen und Erwachsenen ist der Säuregrad um so höher zu nehmen und müssen die Präparate um so länger in der Säuremischung liegen bleiben, je älter die Personen waren, von welchen sie genommen wurden. Bestimmte Verhältnisse lassen sich bei Erwachsenen nicht angeben; es hängt hier auch sehr viel von der Massenhaftigkeit der in den Theilen vorhandenen Knochen, sowie davon ab, ob die letzteren eine spongiöse oder compacte Textur haben. Unter 5—6 Monaten sind aber bei Erwachsenen die Knochen selten schnittfähig; die Augenhöhlen eines 21jährigen Menschen erforderten eine Zeit von 7 Monaten wegen des voluminösen und grösstentheils aus compacter Substanz bestehenden Jochbeines. Jede vierte Woche ist die Säuremischung zu erneuern. Die vorausgegangene Härtung der Präparate in Chromsäure verhindert, dass durch die verdünnte Salpetersäure in dem gegenseitigen Lageverhältniss der Theile unter einander irgend welche Aenderung eintritt. Das aus der Säuremischung genommene Präparat wird eine halbe Stunde unter fliessendes Wasser gebracht, dann sorgfältig abgetrocknet, sowie durch leichten Druck soviel wie möglich von Wasser befreit und hierauf in einem luftdicht verschliessbaren Gefäss in möglichst starken Alkohol gelegt, in welchem es in der Regel nach 5—6 Wochen den zum Schneiden nöthigen Härtegrad gewonnen hat.

Kleinere Objecte schneide ich noch immer am besten aus freier Hand, für grössere benutze ich ein Microtom, das nach dem Princip des alten Oschat'schen construirt ist und in welches je nach Bedarf verschieden weite Einsätze eingefügt werden können, von welchen das Lumen des grössten einen Durchmesser von

15 Ctm. hat, so dass noch ganze Köpfe, sowie der Rumpf von Kindern aus dem ersten Lebensjahre transversal durchschnitten werden können. Der Schnitt wird nicht unter Wasser geführt, dagegen träufelt aus einer über dem Microtom befindlichen Bürette tropfenweise immer Alkohol während des Schneidens auf das Object, welcher mit dem Alkohol, mit dem unmittelbar vor dem Schneiden das Messer befeuchtet worden, vollkommen zur Schnittführung genügt. Die Messer, deren ich mich bediene, sind plan geschliffen, 16—20—25—30 Ctm. lang und an beiden Enden mit Handgriffen versehen.

Von der Färbung der Schnitte bin ich ganz abgekommen, da durch die vorausgegangene Behandlung mit Chrom- und Salpetersäure eine braune Färbung der Knochen, eine dunkelgrüne der Nerven und eine blassgrüne der Muskeln eintritt, welche sich weit besser machen, als Carmin- und Hämatoxylinfarben, welche übrigens die Schnitte wegen des Minimums von Säure, das ihnen noch anhaftet, nicht gut aufnehmen.

Der fertige Schnitt wird in absoluten Alkohol gebracht und kann nach 24 Stunden mit Nelkenöl aufgehellt, in Canadabalsam zwischen zwei Glasplatten aufgehoben werden. Schnitte, deren Dicke 0,5 Mm. nicht überschreitet, eignen sich auch zur Conservirung in Glycerinleim.

An solchen Schnitten der Augenhöhle in horizontaler, sagittaler und frontaler Richtung angefertigt lassen sich auch die feineren Verhältnisse der Tenon'schen Binde sehr gut beobachten, da der Augapfel in seiner Gestalt durchaus unverändert bleibt und die Präparate noch bei 50—60maliger Vergrösserung untersucht werden können. Ausserordentlich klar treten hier einmal die Einscheidungen der Sehnen sämmtlicher Augenmuskeln von Seiten der Tenon'schen Binde, sowie der Umstand hervor, dass diese letztere in ihrer ganzen Ausdehnung, also auch an den Stellen, an welchen sich die vier geraden Augenmuskeln an den Augapfel ansetzen, sich bis zur Conjunctiva bulbi erstreckt. Was zunächst den letzteren Punkt betrifft, so tritt die Tenon'sche Binde weder an dem Hornhautrande, noch an der Umschlagsstelle der Conjunctiva palpebrarum in die Conjunctiva bulbi an die letztere, sondern an der Grenze des hinteren und mittleren Drittheils der

Entfernung der Umschlagsstelle der Conjunctiva von dem Hornhautrande (Fig. 12 *x*. Taf. II). Derjenige Theil der Binde, welcher zwischen je zwei Sehnen der geraden Augenmuskeln liegt, ist bei der Verbindung mit der Conjunctiva bulbi ziemlich dünn, dagegen ist derjenige Theil, welcher sich in der Höhe der geraden Augenmuskeln an die Conjunctiva bulbi anheftet, beträchtlich stärker. Das weitmaschige subconjunctivale Bindegewebe der Augapfelbindehaut steht in unmittelbarer Continuität mit dem sehr nachgiebigen Bindegewebe, welches sich zwischen Sclera und der TENON'schen Binde vorfindet. Nach den Ergebnissen der Injectionen von SCHWALBE, welcher von dem TENON'schen Lymphraum aus die Injectionsflüssigkeit subconjunctival bis an den Hornhautrand vordringen sah, muss man annehmen, dass der TENON'sche Lymphraum in directer Communication mit den Lymphräumen des subconjunctivalen Bindegewebes der Augapfelbindehaut steht.

Die vier geraden Augenmuskeln sind in ihrer hinteren Abtheilung in das Fett der Augenhöhle eingelagert. Ein wenig hinter dem Aequator des Augapfels, d. h. an der Stelle, an welcher die Sehnen derselben in den TENON'schen Lymphraum eintreten, durchbrechen sie nicht die TENON'sche Binde, sondern sie erhalten von der Binde Scheiden, welche nach rückwärts tief in dem Fette der Augenhöhle sich an dem Perimysium der Muskeln verlieren, nach vorn aber die Sehnen der vier geraden Augenmuskeln bis nahe an die Insertionsstelle an der Sclera begleiten. Allein nicht nur die vier geraden Augenmuskeln erhalten derartige Scheiden, sondern auch die beiden schiefen, die ja gleichfalls, um zu dem Augapfel zu treten, den TENON'schen Lymphraum durchsetzen müssen. Diese Scheiden sind am stärksten an den Sehnen des lateralen und medialen geraden Augenmuskels ausgesprochen und erhalten durch die Fortsetzungen, welche sich von denselben nach den Wandungen der Augenhöhle erstrecken, eine gewisse Bedeutung für die Schieloperation, d. h. für die Tenotomie der Augenmuskeln.

Diese Fortsetzungen der Scheiden, von den französischen Autoren Prolongements orbitaires oder auch Ailerons ligamenteux, von MERKEL Fascienzipfel genannt, waren schon TENON bekannt, der sie aber nicht auf die Scheide, welche die nach ihm benannte Binde den Sehnen der Augenmuskeln giebt, bezog, sondern dieselben als Seitentheile dieser Sehnen ansah, und sie daher als Tendons orbitaires beschrieb. BONNET scheint bereits die Beziehungen dieser Prolongements orbitaires zu der TENON'schen Binde gekannt zu haben, aber erst SAPPEY hat sicher festgestellt, dass dieselben nicht direct von den Muskelsehnen, sondern von den Scheiden derselben, die, wie gesagt, Verlängerungen der TENON'schen Binde sind, ausgehen, und dass sie daher einen integrirenden Bestandtheil der letzteren bilden.

Die für den Augenarzt wichtigsten Fascienzipfel, wie wir mit MERKEL diese Fortsetzungen der Muskelscheiden der vier geraden Augenmuskeln nennen wollen, sind die des medialen und lateralen Rectus (Fig. 12 *y* u. *z*. Taf. II), einmal, weil sie weitaus am stärksten ausgebildet und daher die resistentesten sind, und dann aus dem Grunde, weil die Tenotomie fast nur an diesen beiden Augenmuskeln gemacht wird. An dem horizontalen Querschnitt der Augenhöhle, welcher in der Höhe der Mitte des Bulbus angelegt ist, zeigen beide eine mehr oder weniger deutlich ausgesprochene dreieckige Gestalt, jedoch ist der Fascienzipfel der Scheide der lateralen Rectussehne constant etwas stärker als der der medialen. Die dreieckige Gestalt des Querschnittes des Fascienzipfels tritt am deutlichsten an jenem des medialen Rectus hervor (Fig. 12 *y*. Taf. II). Die längste Cathede dieses Dreieckes ist die laterale, welche an dem Uebergang des Muskels in seine Sehne beginnt und sich bis zu der Insertion der TENON'schen Binde an der Conjunctiva erstreckt; die kürzere mediale Cathede ist mit ihrem vorderen Ende fest mit der medialen Augenhöhlenwand verwachsen und zwar mit jenem Theile derselben, welcher sich unmittelbar über der Crista lacrymalis poster. befindet. Die Basis des Dreieckes, etwas über dem Lig. palpebr. med. gelegen, fliesst zusammen mit dem Septum orbitale (Fig. 12 *S. o*. Taf. II), welches an der medialen Wand der Augenhöhle hinter dem Thränensack und der hinteren Abtheilung des Thränenmuskels herabsteigt. Der Fascienzipfel der Scheide des lateralen Rectus (Fig. 12 *z*. Taf. II) ist in grösserer Ausdehnung und inniger mit der lateralen Wand der Augenhöhle verwachsen; nach vorn erstreckt sich derselbe bis zu dem Lig. palpebr. lateral. (Fig. 12 *L. p. l.* Taf. II), überragt dasselbe wenig nach unten aber mehr nach oben, wo noch der untere Rand der unteren kleinen Thränendrüse (Fig. 12 *G. l.* Taf. II) in denselben eingelagert ist. Nach Sappey enthalten diese beiden Fascienzipfel in der Nähe ihrer Anheftung an dem Knochen auch noch glatte Muskelfasern; an meinen Präparaten kann ich eine Bestätigung dieser Angabe nicht finden.

Bedeutend schwächer als die der beiden seitlichen sind die Fascienzipfel des oberen und unteren geraden Augenmuskels. Der Fascienzipfel des oberen Rectus verbindet sich alsbald mit dem unmittelbar über dem letzteren gelegenen Muscul. levat. palpebr. super., und befestigt sich erst dann an dem oberen Rande der Augenhöhle. Dieses Verhältniss ist die Ursache, dass die Contractionen des oberen geraden Augenmuskels und des Hebers des oberen Lides nicht vollkommen unabhängig von einander sind, und dass der obere Rectus auch einen geringen Einfluss auf die Hebung des oberen Lides ausübt. Der Fascienzipfel des unteren Rectus ist etwas stärker entwickelt, als der des oberen; derselbe setzt sich zunächst in Verbindung mit der Scheide des Muscul. obliq. infer. und inserirt sich hierauf an dem unteren Augenhöhlenrand, wo er mit dem Septum orbitale zusammenfliesst.

Die mechanische Bedeutung dieser Fascienzipfel der vier geraden Augenmuskeln scheint die gleiche zu sein, wie die der äusseren Haftbänder der Gelenke, die mit Recht als Hemmungsvorrichtungen gegen zu ausgedehnte Verschiebung der Knochenenden gegen einander in dem Gelenke betrachtet werden.

Zum Schlusse muss ich noch kurz auf die Scheiden der beiden schiefen Augenmuskeln zurückkommen. Die Sehne des oberen schiefen Augenmuskels hat eine von der Tenon'schen Binde ausgehende sehr deutlich hervortretende Scheide, welche aber nur von dem Ansatz der Sehne an dem Augapfel bis zu dem unteren Rande der Trochlea sich erstreckt, an welche dieselbe angeheftet ist. Eine treffliche bildliche Darstellung dieser Scheide ist in dem Atlas von Hirschfeld und Leveillé[1]) auf Taf. 77. Fig. 4 gegeben.

---

1) Neurologie ou Description et Iconographie du Système nerveux et des Organes des Sens de l'homme. Paris 1853.

Durch diese Fortsetzung der TENON'schen Binde erhält der Theil des oberen schiefen Augenmuskels, welcher nicht mehr der Orbita anliegt, sondern in seinem nach hinten und lateralwärts gerichteten Verlaufe durch die Augenhöhle namentlich mit dem oberen geraden Augenmuskel in Berührung kommt, einen Schutz gegen Friction, welcher auf ganz gleiche Linie mit jenem zu stellen sein dürfte, welchen den Sehnen der langen Vorderarmmuskeln die Sehnenscheiden gewähren.

Die kurze Sehne des unteren schiefen Augenmuskels erhält auch nur eine kurze Einscheidung von Seite der TENON'schen Binde, da der Theil des Muskels, welcher noch mit dem Fette der Augenhöhle in Verbindung steht, scheidenfrei erscheint.

Ueber das prismatisch gestaltete Ringband der Ciliargegend des menschlichen Augapfels.

Hierzu Fig. 13—17. 20 (Taf. II) und Fig. 18. 19 (Taf. III).

Vergleicht man die zahlreichen neueren, d. h. nach der Entdeckung der äquatorialen Abtheilung des Ciliarmuskels bekannt gewordenen meridionalen Durchschnitte des menschlichen Augapfels, so ist die geringe Uebereinstimmung überraschend, welche zwischen denselben besteht. Abgesehen von der verschiedenen Anordnung beider Abtheilungen des Ciliarmuskels, des sogenannten BRÜCKE'schen und MÜLLER'schen Muskels, bei Nah- und Fernsichtigen, auf welche zuerst IWANOFF [1]) aufmerksam machte, sind verschieden dargestellt:

1) Der Ursprung der meridionalen Fasern des Ciliarmuskels des BRÜCKE'schen Muskels.

2) Die Anheftung des ciliaren Irisrandes.

3) Der Ursprung der Lamina elastica posterior Corneae in ihrem Zusammenhang mit dem sogenannten Lig. iridis pectinatum von HUECK.

4) Die Lage des Sinus venosus iridis (Canalis SCHLEMMII).

Auch in der Beschreibung der Ciliargegend weichen nicht nur die älteren, sondern auch die neueren Autoren wesentlich von einander ab, und diese Abweichungen sind um so schwieriger zu übersehen, als rücksichtlich der Nomenklatur kaum in irgend

---

1) Beiträge zur Anatomie des Ciliarmuskels. Archiv für Ophthalmologie. Bd. XV. S. 284.

welchem Theile der Anatomie eine solche Verwirrung herrscht, als in der Ciliargegend. Um in letzterer Beziehung keinen Anlass zu Missverständnissen zu geben, will ich vor Allem die Nomenklatur, der ich im Anschluss an HENLE folge, vorausschicken.

In einer Entfernung von 7 Mm. von dem Hornhautrande geht an allen von der Sclera umschlossenen inneren Augengebilden eine wesentliche Veränderung vor sich, die wir als Ora serrata für Chorioidea und Retina und als Beginn der Zonula für den durchsichtigen Kern des Augapfels bezeichnen. Die Ora serrata der Chorioidea ist an der inneren, d. h. der Sehaxe zugewandten Seite durch das Aufhören der Membrana choriocapillaris, an der äusseren durch das Aufhören der von vorn kommenden meridionalen Fasern des Ciliarmuskels characterisirt. Vor der Ora serrata Chorioideae sind zwei Gebilde scharf von einander zu trennen:

1) Der der Sehaxe zugekehrte vor der Ora serrata gelegene Theil der Chorioidea.

2) Der darauf unmittelbar unter der Sclera gelegene Ciliarmuskel.

Derjenige Theil der Chorioidea, welcher vor der Ora serrata liegt, zerfällt wieder in zwei Abtheilungen: in eine hintere makroskopisch nicht gefaltete, welche von hinten nach vorn 3,5 bis 4 Mm. misst, und in eine vordere gefaltete, deren makroskopisch sichtbare, der Sehaxe zugewandte Falten, in der Regel siebzig an der Zahl, unter dem Namen der Processus ciliares bekannt sind, welche in ihrer Totalität das Corpus ciliare constituiren, das von hinten nach vorn 2,5 bis 3 Mm. misst.

Der früher als Lig. ciliare beschriebene Ciliarmuskel besteht einmal aus meridional verlaufenden Fasern, deren muskulöse Beschaffenheit zuerst von BRÜCKE[1]) festgestellt wurde, und dann aus vor diesen gelegenen muskulösen Faserzügen mit äquatorialer Verlaufsrichtung, die als wirklicher Ringmuskel zuerst von H. MÜLLER[2]) 1857 richtig erkannt wurden. Da nur die unmittelbar unter

1) Ueber den Musculus CRAMPTONIANUS und den Spannmuskel der Chorioidea. Archiv für Anatomie und Physiologie. Jahrg. 1846. S. 370.

2) Anatomische Beiträge zur Ophthalmologie. Arch. für Ophthalmologie. Bd. III. S. 1.

der Sclera gelegenen Bündel des Ciliarmuskels einen rein meridionalen Verlauf einhalten, die tieferen Bündel aber, und zwar in dem Maasse, als sie weiter nach vorne liegen, von dem meridionalen Verlaufe abweichend nach einwärts einbiegen, hat man den Versuch gemacht, die meridionale Abtheilung des Ciliarmuskels zu trennen in eine äussere hintere Hälfte von rein meridionaler Faserung und in eine vordere innere mit radiärer Faserung, eine Trennung, welche ich aus dem Grunde nicht für angezeigt halte, weil sich eine bestimmte Grenze zwischen den rein meridionalen und jenen Faserzügen, die mehr radiär verlaufen, nicht ziehen lässt.

Ferner kommen in der Ciliargegend noch in Betracht der angeheftete oder ciliare Rand der Iris, das sogenannte Lig. iridis pectinatum von Hueck, der periphere Theil der Hornhaut, namentlich ihre hintere von der inneren Basalmembran (Membrana pro humore aqueo, Descemeti, Demoursi) gebildete Fläche, sowie der Sinus venosus iridis, der gewöhnlich als Canalis Schlemmii beschrieben wird. Von allen diesen Theilen ist das als Lig. iridis pectinatum beschriebene Band der unklärste, da unter diesem Namen verschiedene Autoren ganz Verschiedenes begreifen, je nachdem sie ihn einschränken auf das, was Hueck, welcher denselben in die Wissenschaft einführte, damit bezeichnen wollte, oder indem sie demselben eine Ausdehnung geben, welcher jede scharfe und sichere Begrenzung fehlt.

Unter Lig. iridis pectinatum verstand Hueck[1]), der nur makroskopisch untersuchte und dem keine feineren meridionalen Schnitte der Ciliargegend zu Gebote standen, jene besonders bei der Untersuchung unter Wasser schon dem unbewaffneten Auge kenntlichen Zacken, welche auf der vorderen Blendungsfläche zwischen dem ciliaren Rande der Iris und der Peripherie der hinteren Hornhautfläche sichtbar werden, wenn man die Iris an dem Pupillarrand fasst und nach rückwärts von der Hornhaut abzieht. Diese Zacken, vortrefflich abgebildet in dem Handbuch von Henle[2]), welche nach dem jetzigen Stande unserer Kenntnisse als integri-

1) Die Bewegung der Krystalllinse. Dorpat 1839. S. 70.

2) Zweite Auflage. Bd. II. S. 655. Fig. 496.

rende Bestandtheile der Iris angesehen werden müssen, verglich HUECK in ihrer Totalität mit den Zähnen eines Kammes; daher der Name Lig. iridis pectinatum. Als man im Anfang der fünfziger Jahre den Ursprung der inneren Basalmembran der Hornhaut in jenen eigenthümlichen Fasern, welche zwischen dem Sinus venosus iridis, dem Ciliarmuskel und dem ciliaren Irisrande vorkommen, kennen lernte, betrachtete man dieselben als das mikroskopische Substrat des HUECK'schen Irisbandes, obgleich dieselben mit der Iris durchaus nicht in directer Verbindung stehen. Dieses Versehens muss ich mich selbst schuldig bekennen; denn als ich diese Fasern zuerst in ihrer Verbindung mit der hinteren Basalmembran der Hornhaut abbildete [1]), bezeichnete ich dieselben einfach als Lig. iridis pectinatum. Es war dieses eben in jener glänzenden Entwickelungsperiode der mikroskopischen Forschung, in der die bereits vorhandenen Ergebnisse der makroskopischen Anatomie in der That eine zu geringe Beachtung erfuhren; aber nur wenige sehr kritisch angelegte Naturen sind im Stande, sich ganz unabhängig von der in der Wissenschaft herrschenden Strömung zu halten. Als man später weitere Fortschritte in der anatomischen Technik machte und der mikroskopischen Beobachtung zugängliche meridionale Augendurchschnitte anzufertigen lernte, fand man, dass als Ursprungspunkt für die grosse Menge der meridionalen Fasern die hintere Wand des Sinus venosus iridis, von der man zuerst allein den Muskel von BRÜCKE abgehen liess, zu beengt sei, und verlegte den Ursprung eines grossen Theiles der Fasern dieses Muskels gleichfalls in das Lig. iridis pectinatum. So hatte dieses ursprünglich auf die Iris beschränkte Band eine Ausdehnung nach vorn gegen die Hornhaut und nach hinten gegen die Chorioidea erhalten, an welche HUECK bei Einführung dieses Namens gewiss nicht am Entferntesten dachte. Zugleich war aber damit eine Unsicherheit in der Nomenklatur, der an Namensverwirrung ohnehin so reichen Ciliargegend getreten, welche im Interesse einer präcisen anatomischen Darstellung es dringend wünschenswerth macht, den Namen Lig. iridis pectinatum ganz

1) Mein Handbuch der allgemeinen und speciellen Gewebelehre. 2. Aufl. S. 480. Fig. 210.

aufzugeben, ein Wunsch, der um so berechtigter erscheint, als gerade das Gebilde, welches bisher als Lig. iridis pectinatum in weitester Bedeutung beschrieben wurde, individuell die allergrössten Verschiedenheiten zeigt. Mit diesen individuellen Verschiedenheiten in nächster Beziehung steht die am Eingang dieser Abhandlung erwähnte geringe Uebereinstimmung der neueren Abbildungen der meridionalen Durchschnitte des menschlichen Augapfels.

Die geeignetste Benennung für das ringförmige aus Bindesubstanz bestehende Gebilde, welches topographisch mit allen Constituentien der Ciliargegend in Verbindung steht und den Einigungspunkt für Corpus ciliare, Iris, Ciliarmuskel, Sinus venosus iridis und die Verbindungsstelle von Sclera und Hornhaut bildet, wäre wohl Ligamentum ciliare. Da man aber früher unter diesem Namen den Ciliarmuskel verstand, so glaubte ich, um Verwechselungen zu vermeiden, davon absehen zu müssen und schlage die Benennung Ligamentum annullare bulbi vor, eine Bezeichnung, welche topographisch allerdings etwas zu wünschen übrig lässt, in der aber sowohl das Moment der Verbindung verschiedener Theile der Ciliargegend unter einander, wie die ringförmige Gestalt des in Frage stehenden Gebildes zur Geltung gelangt.

Dieses Lig. annullare bulbi ist nun sehr verschieden entwickelt, und zwar erstrecken sich die individuellen Differenzen nicht nur auf die äussere Configuration, sondern auch auf die Dichtigkeitsverhältnisse des Bandes. Legen wir bei der anatomischen Betrachtung zunächst einen Fall zu Grunde, in welchem das Lig. annull. recht stark entwickelt und von grosser Dichtigkeit ist. Hier erscheint dasselbe (Fig. 13 *L. a.* Taf. II) an meridionalen Schnitten, welche allein zur Bestimmung der topographischen Verhältnisse des Bandes geeignet sind, entschieden prismatisch gestaltet, und zwar können wir an dem Prisma eine vordere, äussere und innere[1]) Fläche, sowie einen äusseren, inneren und hinteren

---

1) Die Namen innen und aussen beziehen sich hier nicht auf die Medianlinie des Körpers, sondern auf die Sehaxe, so dass dasjenige, was der Sehaxe näher liegt, als innen, und was davon entfernter ist, als aussen bezeichnet wird.

Winkel unterscheiden. Die beiden inneren Drittheile der vorderen Fläche des im Durschschnitt prismatisch gestalteten Bandes sind fest verwachsen mit dem vordersten Theile der inneren Sclerafläche, bis nahebei an der Stelle, an welcher die Sclera in die Hornhaut übergeht. Diese Verwachsung ist so innig, dass zwischen diesem Theile des Lig. annull. und der Sclera eine Grenze nicht aufzufinden, sondern eine Continuität beider Bildungen zu constatiren ist. Trennt man die äussere Augapfelhülle, also Sclera und Cornea, von der darunter liegenden Chorioidea und Iris, so bleibt gewöhnlich in Folge dieser Verwachsung die Hauptmasse des Lig. annull. an der Sclera haften, während zwischen dem Ciliarrande der Iris und dem Ciliarmuskel eine von dem abgerissenen Lig. annull. eingenommene Furche zurückbleibt, die man als Sulcus lig. annull. bezeichnen kann. Diese Furche ist natürlich a priori nicht vorhanden, sondern einzig die Folge der Präparation, d. h. der Entfernung der äusseren Augenhaut, welcher das Lig. annull. in der Regel folgt. Der Sulcus lig. annull. ist schon makroskopisch an den meisten Augen nach Entfernung der Sclera und Cornea sichtbar und erscheint natürlich als eine den Ciliarrand der Iris begrenzende Ringfurche. Ich beschrieb dieselbe schon in der zweiten Auflage meiner Gewebelehre [1]), hielt dieselbe aber für rundlich, was sie thatsächlich nicht ist; denn sie läuft nach einwärts, entsprechend der prismatischen Gestalt des sie ausfüllenden Lig. annull., exquisit spitz zu (Fig. 16 *S. l. a.* Taf. II).

Unmittelbar vor der Verwachsungsstelle des Lig. annull. mit der Sclera befindet sich der Sinus venosus iridis (Fig. 13. 14. 15 *S. v. I.* Taf. II), der sich gleichfalls sowohl rücksichtlich der Grösse seines Lumens, wie auch in der Beziehung individuell verschieden verhält, dass er durch ein oder zwei Septula in zwei oder drei Abtheilungen zerfallen erscheinen kann. Auch ist die Lage dieses Sinus in der Art inconstant, dass er dem Hornhautrande bald näher bald entfernter gerückt erscheint. Das äussere Drittheil der vorderen Fläche des Lig. annull. ist in der Regel mit der Sclera nicht verwachsen; von demselben entspringt derjenige Theil

1) l. c. S. 480.

der meridionalen Fasern des Ciliarmuskels, welche am reinsten den meridionalen Verlauf einhalten und daher am weitesten nach rückwärts bis in die unmittelbare Nähe der Ora serrata chorioideae gehen. Da diese Fasern bereits an der Grenze des mit der Sclera verwachsenen Theiles der vorderen Fläche sehr dicht entspringen und den Raum zwischen dem nicht verwachsenen Theile des Lig. annull. und der Sclera prall füllen, so entsteht bei dem Mangel jeglichen Zwischengewebes der Eindruck, als entsprängen die Muskelfasern von der Sclera selbst, oder, wie man sich gewöhnlich ausdrückt, von der hinteren Wand des Sinus venosus iridis.

Der äussere Winkel, welcher die vordere Fläche des Lig. annull. mit der äusseren verbindet, ist in der Regel abgerundet, und zwar ist dieses immer der Fall, wenn die vordere Fläche nicht ganz mit der Sclera verwachsen ist. Ausnahmsweise fehlt diese Abrundung des äusseren Winkels, in welchem Falle derselbe ziemlich genau einem rechten entspricht. Dann ist aber die ganze vordere Fläche des Lig. annull. mit der Sclera verwachsen und der Ursprung der meridionalen Fasern des Ciliarmuskels beginnt erst an dem Winkel selbst.

Die äussere der Sehaxe ziemlich parallele Fläche des Lig. annull. ist in der Mehrzahl der Fälle die kürzeste und dient gleichfalls den meridionalen Fasern des Ciliarmuskels zum Ursprung. Dieselben gehen aber nicht so dicht gedrängt, wie von der vorderen Fläche und dem äusseren Winkel ab, sondern es bleiben in dem Maasse, als sich die äussere Fläche des Bandes von der Sclera entfernt, Lücken zwischen den muskulösen Ursprungsbündeln, welche durch Verlängerungen der Bindesubstanz des Bandes in den Muskel hinein ausgefüllt werden; daher erscheint die äussere Fläche nicht eben, sondern durch die Fortsätze des Lig. annull., welche in die meridionale Muskulatur hineinragen, gezackt. In dem Maasse, als die Muskelbündel sich in ihrem Ursprung von dem äusseren Winkel entfernen und sich dem hinteren Winkel nähern, weichen sie in ihrem Verlaufe von der meridionalen Richtung ab, um sich mehr der radiären zuzuwenden.

Der hintere spitze Winkel des Lig. annull. schiebt sich zwischen Ciliarmuskel und dem Ursprung der Iris ein; vermittelst desselben hängt das Ringband nicht nur mit dem Bindegewebe, welches die Bündel der äquatorialen Fasern des Ciliarmuskels auseinander hält, zusammen, sondern auch mit dem Bindegewebe der Processus ciliares.

Die innere längste Fläche des Lig. annull. ist leicht concav und zerfällt in einen vorderen freien, von dem Humor aqueus unmittelbar bespülten Abschnitt, der demnach zu den Wandgebilden der vorderen Augenkammer gehört, und in einen hinteren Abschnitt, der in directer Continuität mit dem ciliaren Rande der Iris steht und als die Stelle angesehen werden muss, von welcher die Hauptmasse der Iris ihren Ursprung nimmt. Dieser letztere Abschnitt nimmt etwas mehr als ein Drittheil der inneren Fläche ein, und an seinem hinteren Ende, hart an dem hinteren Winkel, treten die Gefässe zur Iris, welche von dem Circulus arteriosus iridis major, d. h. jenem zwischen Musculus ciliaris und Corpus ciliare ringförmig verlaufenden Gefässe kommen, dessen arterielle Quellen die beiden an der temporalen und nasalen Seite des Augapfels verlaufenden langen Ciliararterien bilden (Fig. 15 *C. a. l. m.* Taf. II). Ich habe mir viele Mühe gegeben, den Muscul. dilatator pupillae, von dessen Existenz man sich mittelst der Methode von Merkel (Hämotoxylinbehandlung zur Darstellung der stäbchenförmigen Kerne) ziemlich leicht überzeugen kann, bis an das Lig. annull. zu verfolgen, habe aber streng beweisende Bilder nicht erhalten, so dass ich es unentschieden lassen muss, ob dieser Muskel, der bekanntlich an der hinteren Irisfläche unter der Pigmentschichte liegt, direct mit dem Lig. annull. oder nur mit dem Bindegewebe des Corpus ciliare in Verbindung steht. Der vordere freie Abschnitt der inneren Fläche des Lig. annull. schärft sich nach vorn zu dem spitzen inneren Winkel zu, dessen Gewebe immer mehr oder weniger aufgefasert in die Membr. basilaris corneae poster. übergeht.

Sowie in Fig. 13 (Taf. II) findet man das Lig. annull. allerdings nur ausnahmsweise entwickelt; unter einigen zwanzig Augen, deren vordere Hälften ich in Meridionalschnitte zerlegte, fand ich nur bei zwei, die übrigens nicht demselben Individuum angehörten, die hochgradige Entwicklung des Lig. annull., wie sie Fig. 13 (Taf. II) repräsentirt. Die häufigste Form, unter der das

Lig. annull. an dem meridionalen Schnitt zur Beobachtung gelangt, ist die in Fig. 14 (Taf. II) dargestellte; nicht selten ist aber die Entwicklung desselben eine noch geringere. Diese schwache Entwicklung des Lig. annull. ist dadurch characterisirt, dass die äussere und innere Fläche des Bandes kürzer werden und der hintere Winkel viel weniger nach rückwärts prominirt. Hat man aber einmal die topopraphisch anatomischen Verhältnisse des Lig. annull. richtig aufgefasst, so ist es nicht schwer, dasselbe in seiner prismatischen Gestalt, auch in den Fällen mittlerer oder geringerer Entwicklung, wieder zu erkennen.

In der Mehrzahl der Fälle ist das Gewebe des Lig. annull. ziemlich dicht; bisweilen findet man dasselbe aber sehr stark aufgelockert (Fig. 15 Taf. II). Der meridionale Durchschnitt des Bandes erscheint dann auch ausgedehnter, aber es fehlt die scharfe Prominenz des hinteren Winkels, wodurch die prismatische Gestalt des Durchschnittes weniger in die Augen fällt. Diese Auflockerung des Bandes steht in Verbindung mit der geringeren Menge der äquatorialen Fasern desselben, welche in diesen Fällen immer nur schwach vertreten sind; ganz fehlen dieselben nach dem inneren Winkel zu; in Folge dessen weichen hier die meridional verlaufenden und unter einander netzförmig verbundenen Fasern stark aus einander und lassen kleine Lücken zwischen sich, welche, an dem abgerundeten Winkel der vorderen Augenkammer gelegen, mit der letzteren communiciren und auch mit Humor aqueus gefüllt sind. Diese Lücken, welche in keinem Auge ganz zu fehlen scheinen, wurden von Iwanoff und Rollet[1]) in ihrer Totalität als Fontana'scher Raum bezeichnet, ein Name, der nur das gegen sich haben dürfte, dass derselbe leicht Gelegenheit zur Verwechselung mit dem Fontana'schen Canale giebt, dessen Existenz in dem menschlichen Auge ebensowenig Berechtigung hat, wie die des Canalis Petiti.

Es liegt ausserordentlich nahe, diese Verschiedenheit des Verhaltens des Lig. annull. bei verschiedenen Individuen, von welcher auch die am Eingang dieser Abhandlung erwähnte geringe

---

1) Bemerkungen zur Anatomie der Irisanheftung und des Annulus ciliaris. Archiv für Ophthalmologie. Bd. V. Abth. 1. S. 46. Fig. VI b.

Uebereinstimmung in der Darstellung der vorliegenden meridionalen Durchschnitte der Ciliargegend[1]) hauptsächlich abhängt, in Verbindung zu bringen mit verschiedenen Zuständen des Einrichtungsapparates des Augapfels; denn die Binnenmuskulatur des Auges, in welcher ja die active Kraft der Veränderungen in den optischen Medien gegeben ist, welche das Einrichtungsvermögen des Auges bedingen, steht ja in der allernächsten Beziehung zu dem Lig. annull. Es ist daher sehr leicht möglich, dass die verschiedene starke Entwicklung der äquatorialen Abtheilung des Ciliarmuskels nicht die alleinige Ursache der Nah- und Fernsichtigkeit ist, sondern dass auch die individuell so verschiedene Beschaffenheit des Lig. annull. dabei eine gewisse Rolle spielt. Da mir nur Augen zur Disposition stehen, welche von Personen stammen, über deren Zustände des Sehvermögens Sicheres während des Lebens zu erfahren mir unmöglich ist, so kann ich selbst zur Lösung der Frage, in wie weit die individuelle Verschiedenheit des Lig. annull. zur Nah- und Fernsichtigkeit in Beziehung steht, Nichts beitragen; wohl wäre aber eine derartige Untersuchung eine dankbare Aufgabe für practische Ophthalmologen, welche in der Lage sind, die Sehschärfe der betreffenden Individuen während des Lebens genau zu prüfen. Um auch von meiner Seite etwas zur Erleichterung einer solchen Arbeit beizutragen, will ich noch kurz die Methode angeben, nach welcher man ziemlich leicht, selbst für die Untersuchung mittelst der stärksten Vergrösserungen, geeignete meridionale Durchschnitte der Ciliargegend anfertigen kann.

Der herausgenommene und reinlich präparirte Augapfel wird, nachdem dessen Hornhaut durch einige in dem Umfang der Pupille angelegte Nadelstiche durchbohrt ist, auf 2—3 Wochen in die Müller'sche Lösung gelegt und dann in einer Entfernung von 6—7 Mm. von dem Hornhautrande äquatorial durchschnitten.

1) Unter der grossen Anzahl mir vorliegender Durchschnitte tritt die prismatische Gestalt des Lig. annull. am prägnantesten hervor in dem Henle'schen, Fig. 492. S. 618 des zweiten Bandes der zweiten Auflage der systematischen Anatomie. Auch in dem neuesten Durchschnitte in der Gewebelehre von Toldt (Fig. 111. S. 562) ist die prismatische Gestalt des Bandes scharf ausgesprochen.

Von der vorderen Augenhälfte wird Glaskörper und Linse entfernt und dieselbe dann, nachdem sie vorher in Wasser ausgewaschen, 3—4 Tage mit starkem Alkohol behandelt, wodurch sie vollkommen schnittfähig wird. Ein Sector dieser Augenhälfte, der vorn bis zu dem Pupillarrande reicht und demnach Sclera, Cornea, Ciliarmuskel, Lig. annull., Corpus ciliare und Iris umfasst, wird nun mittelst des Microtoms von Leyser in meridionale Schnitte zerlegt. Die einzige technische Schwierigkeit liegt in der richtigen Befestigung des Sectors, in der Klammer des Mikrotoms. Ich benütze hierfür zwei Korkplatten von je 2 Mm. Stärke, die oben leicht zugeschärft sind, und zwei Hollundermarkplatten von je 1,5 Mm. Stärke. Zwischen die beiden letzteren wird der Sector so eingefügt, dass Hornhaut und Sclera der Schneide des Messers zugewandt sind, also zuerst durchschnitten werden. Die zugeschärften Ränder der beiden Korkplatten überragen nur ganz wenig, 0,5 bis 1 Mm., die obere Fläche der Klammer; über denselben erheben sich in der Höhe von 1,5 Mm. die beiden Hollunderplatten, von welchen der Sector der vorderen Augenhälfte zu beiden Seiten ganz umgeben ist. Man setzt nun unter fortwährender Auftröpfelung von Weingeist das Schneiden der beiden Hollunderplatten und damit des dazwischen gelegenen Sectors so lange fort, bis man zu dem oberen Rande der Korkplatten gelangt ist.

Die gewonnenen meridionalen Schnitte können nun noch der Tinktion unterworfen werden. Am besten hierfür geeignet ist die Hämatoxylinlösung, durch welche die stäbchenförmigen Kerne der Muskulatur schön hervortreten. Das in neuerer Zeit zur Darstellung der Kerne empfohlene Bismarckbraun, ein Anilinfarbstoff, liefert viel weniger schöne Bilder als das Hämatoxylin.

Die histologischen Bestandtheile des Lig. annull. sind elastische Fasern und Bindegewebe, welchem in den meisten Fällen auch noch eine geringe Anzahl pigmentirter sternförmiger Zellen beigemengt ist. Die Faserung des Bandes ist theils äquatorial, theils meridional, und zwar gehören sämmtliche äquatorial verlaufende Fasern dem elastischen Gewebe an, während die meridionalen theilweise gleichfalls elastische sind, in ihrer Mehrzahl aber den Character von Bindegewebe haben. Wegen der äquatorial verlaufenden elastischen Elemente kann man das Lig. annull. als einen elastischen Ring betrachten, von welchem theils bindegewebige, theils elastische Fortsätze in meridionaler Richtung abgehen, und zwar zu dem Ciliarmuskel, den Ciliarfortsätzen, der Iris und zur Membr. basilaris posterior der Hornhaut.

Was zunächst den elastischen Ring betrifft, so unterscheidet SCHWALBE [1]), dem wir die weitaus beste Schilderung der hier in Betracht kommenden histologischen Verhältnisse verdanken, einen vorderen und hinteren elastischen Grenzring; nach unserer Terminologie müssen wir den ersteren als der Sehaxe näher gelegenen als inneren, den letzteren als äusseren bezeichnen. Der innnere elastische Grenzring von SCHWALBE liegt nahe an dem peripheren Theile der Membr. basilar. post. corneae und steht mit den netzförmig angeordneten Fasern, welche in die letztgenannte Membran übergehen und deren Lücken den bereits erwähnten FONTANA'schen Raum einschliessen, in Verbindung, während der äussere elastische Grenzring die hintere Wand des Sinus venosus iridis bildet. An meridionalen Schnitten lässt sich eine scharfe Grenze beider elastischer Ringe, des inneren und äusseren, nicht auffinden, wohl aber existirt ein wesentlicher Unterschied zwischen beiden, wenn man auf die Beschaffenheit der beide Ringe zusammensetzenden elastischen Fasern Rücksicht nimmt. Der innere Ring (Fig. 18 *F. c. l. a.* Taf. III) besteht nämlich aus äusserst feinen circulär angeordneten Fasern und ist ganz frei von Bindegewebe. Die Fasern desselben sind so dünn, dass ihr Durchmesser schon nahe dem der elastischen Fasern der serösen Häute steht, welche bekanntlich die allerfeinsten sind. Von diesem inneren elastischen Ringe geht auch die Hauptmasse jener netzförmig angeordneten Faserung aus (Fig. 18 *F. l. l. a.* Taf. III), welche, indem die Lücken zwischen den einzelnen Fasern verschwinden, zur Membr. basilar. post. corneae wird (Fig. 18 *M. b. p.* Taf. III).

Dagegen sind die elastischen Fasern des äusseren Ringes

1) Untersuchungen über die Lymphbahnen des Auges und deren Begrenzungen, 2. Theil in dem Archiv für mikroskopische Anatomie. Bd. VI. S. 272. Art. 2. Der FONTANA'sche Raum, das Ligam. pectinatum und der SCHLEMM'sche Canal.

von SCHWALBE drei- bis viermal breiter, viel reichlicher vorhanden, als die des inneren, und zwischen denselben befindet sich Bindegewebe, welches nach dem Corpus ciliare zu reichlicher wird, während dasselbe unmittelbar hinter dem Sinus venosus iridis in geringster Menge vorhanden ist. Die grosse Breite und Anzahl der Fasern des äusseren Ringes, sowie der Umstand, dass in den Interstitien derselben Bindegewebe sich vorfindet, bewirken, dass dieser Ring beträchtlich massenhafter ist, als der innere; dagegen ist derselbe nach keiner Seite hin scharf begrenzt. Nach einwärts werden seine Fasern feiner und gehen allmählig in die des inneren Ringes über, nach rückwärts stösst der Ring an die Ursprungsstätte der meridionalen Fasern des Ciliarmuskels und begrenzt zugleich das vordere Ende des perichorioidalen Lymphraumes, ist aber hier gleichfalls nicht scharf von den äquatorial verlaufenden elastischen Faserzügen der Sclera zu trennen; in noch höherem Grade ist dieses nach vorwärts der Fall; denn hier beruht die schon früher besprochene Verwachsung der vorderen Fläche des Lig. annull. mit der Sclera eben darauf, dass die äquatorial verlaufenden elastischen Faserzüge der Sclera, welche sich hinter dem Sinus venos. iridis befinden, eine Continuität mit dem äquatorialen elastischen Theile des Lig. annull. bilden.

SCHWALBE hat gezeigt, dass bei der Trennung der äusseren und mittleren Haut des menschlichen Auges bisweilen die ganze hintere Wand des Sinus ven. irid. an der mittleren Haut hängen bleibt. Wie demnach für gewöhnlich bei der Ablösung der äusseren von der mittleren Augenhaut eine Rinne in der letzteren bleibt, so kann auch, wenn das ganze Lig. annull. nach der Ablösung an der mittleren Haut haftet, eine Rinne in der äusseren Augenhaut sichtbar werden (SCHWALBE's Skleralrinne), deren vertiefteste Stelle bei dem Menschen durch die Innenwand des Sinus ven. iridis repräsentirt wird. Aber auch nach dem Corpus ciliare hin ist der elastische Ring nichts weniger als scharf begrenzt, indem äquatorial verlaufende elastische Ringfaserzüge, allerdings weniger massenhaft wie unmittelbar hinter dem Sinus venos. iridis, durch die ganze sagittale Dicke des Lig. annull. bis zu dem Bindegewebe der Process. ciliares sich vorfinden (Fig. 17. Taf. II).

Die äquatorial verlaufenden elastischen Fasern, welche die Hauptmasse des Lig. annull. bilden, constituiren demnach einen Ring, der am mächtigsten ist an der vorderen mit der Sclera verwachsenen Fläche des Bandes hinter dem Sinus venos. iridis, aber in geringerer Mächtigkeit sich sowohl nach einwärts, wie auswärts und rückwärts erstreckt.

Die nicht äquatorial, sondern theils meridional, theils radial verlaufenden Fasern des Lig. annull. kann man topographisch in vier Gruppen gliedern, nämlich in diejenigen, welche mit der meridionalen Abtheilung des Ciliarmuskels, mit dem Corpus ciliare, mit der Iris und mit der Membr. basil. post. corneae in Verbindung treten. Die ersteren (Fig. 17. *1*. Taf. II) haben den Charakter von Bindegewebsfasern, verlaufen meridional und sind als kleine Sehnen zu betrachten, die ihren Ursprung von dem äusseren elastischen Faserring des Lig. annull. nehmen, um in grösserer oder geringerer Entfernung von demselben in die muskulösen Bündel der meridionalen Abtheilung des Ciliarmuskels überzugehen. Nach Art der Sehnenfascikel halten diese Faserbündel nur eine Richtung, die meridionale, ein, und zwischen denselben bis tief in die Muskelbündel kommen sternförmige, pigmentirte Zellen vor, welche bei dunklen Augen reichlicher als bei hellen vorhanden sind. Die mit dem Corpus ciliare in Verbindung stehenden Fasern (Fig. 17. *2*. Taf. II) gehören gleichfalls dem Bindegewebe an, sind aber nicht in Bündel gesondert, wie die rückwärts zu dem meridionalen Theile des Ciliarmuskels gehenden, sondern verlaufen mehr ungeordnet nach Art des formlosen Bindegewebes radiär, um Bestandtheile der Ciliarfortsätze zu werden. Bevor diese Fasern in das Corpus ciliare eintreten, werden sie durchsetzt von der äquatorialen Abtheilung des Ciliarmuskels. Diejenigen Fasern des Lig. annull., welche nach einwärts zur Iris gehen (Fig. 17. *3*. Taf. II) und die Anheftung der Iris an dieses Band vermitteln, sind Bindegewebsfibrillen, welche theils an der äussersten Grenze der vorderen Augenkammer, dem sogenannten Iriswinkel, bogenförmig von dem Lig. annull. zur vorderen Irisfläche übertreten und so das eigentliche anatomische Substrat des Lig. pectinati in dem streng Hueck'schen Sinne darstellen, theils sich in den mittleren und hinteren Irislagen verlieren. Die zur vorderen Irisfläche gehenden Fasern verhalten sich individuell sowohl rücksichtlich der Anzahl, wie der Länge ziemlich verschieden, weshalb das eigentliche Lig. irid. pectinatum bald stärker, bald schwächer ausgebildet erscheint. Die hinteren, von dem Lig. annull. in das eigentliche Irisgewebe eintretenden Fasern greifen theils in das sogenannte Schwammgewebe der Irisgefässe ein, welches hauptsächlich aus pigmentirten sternförmigen Zellen besteht, theils sind sie als Sehnen des Musc. dilatator pupillae zu betrachten, dessen Ursprung nach meiner Auffassung gleichfalls auf das Lig. annull. zurückzuführen ist. Dadurch, dass diejenigen Fasern dieses Bandes, welche zur Iris, und jene, welche zum Corpus ciliare gehen, in unmittelbarer Continuität stehen, wird die Verbindung zwischen dem ciliaren Irisrande und dem Corpus ciliare vermittelt.

Diejenigen nicht äquatorial, sondern radial verlaufenden Fasern des Lig. annull., welche mit der Lamina basilaris posterior corneae in Verbindung treten, kennt man schon sehr lange, und bereits in dem Jahre 1854 war ich [1]) in der Lage, eine Abbildung dieses Verhältnisses zu geben. Ich beschrieb sie damals als Verbindung des Lig. iridis pectinatum von Hueck mit der Descemet'schen Haut, ein Name der sich bis jetzt erhalten hat, da man bei der nicht scharfen Begrenzung des Lig. pectin. in dem Sinne von Hueck die ganze Gewebemasse, welche sich in dem Winkel zwischen dem peripheren Theil der Hornhaut und Iris befindet, unter dem Namen des Lig. irid. pectin. zusammenfasste. Die vollkommene Continuität zwischen den radiären Fasern des Lig. annull. und der Lamina basil. post. corneae ist übrigens so häufig beobachtet und namentlich von Heiberg [2]) so genau beschrieben worden, dass wir dieselbe als eine vollkommen gesicherte anatomische Thatsache betrachten müssen. Auch ist es gar nicht besonders schwer, sich davon an menschlichen Augen, welche längere Zeit in ziemlich stark verdünnten Lösungen chromsaurer Salze gelegen haben, zu überzeugen. Es scheint sich darin

1) Zweite Auflage meiner Gewebelehre. S. 480. Fig. 210.

2) Periferien of Tunica Descemeti og dens Inflydelse pa Akkomodation. Nordisk medicinskt Archiv Bd. II. Nr. 11 und der daraus von dem Verfasser selbst gegebene Auszug in W. Zehender's Klinischen Monatsblättern für Augenheilkunde von 1870. Jahrg. VIII. S. 80.

die in frischem Zustande sehr innige Verbindung zwischen der eigentlichen Hornhautsubstanz und der Lam. basil. post. zu lockern, während bei der Ablösung der äusseren von der mittleren Augenhaut die Hauptmasse des Lig. annull. und selbst ein Theil der meridionalen Fasern des Ciliarmuskels an der äusseren Augenhaut haften bleibt und von der letzteren mittelst einer feinen Pincette abgezogen werden kann, wobei ein grösserer oder kleinerer Theil der Lam. basil. post. corn. in Verbindung mit dem Lig. annull. mit entfernt wird. Untersucht man derartige Präparate mikroskopisch, so beobachtet man an dem peripheren Theile der mit regelmässigem Plattenendothel besetzten Lam. basil. post. (Fig. 18. *M. b. p.* Taf. III) die radiär verlaufenden, aber netzförmig unter einander verbundenen Fasern des Lig. annull. (Fig. 18 *F. l. l. a.* Taf. III), an welche sich weiter nach aussen die mit den radiären Fasern in unmittelbarer Verbindung stehenden Kreisfasern des Lig. annull. (Fig. 18 *F. c. l. a.* Taf. III) anschliessen. Nach hinten von diesen letzteren werden dann die meridionalen Fasern des Ciliarmuskels sichtbar (Fig. 18 *M. c. m.* Taf. III).

Was das Zusammenhangsverhältniss der radialen Fasern des Lig. annull. mit dem peripheren Theile der Lam. basil. post. corn. betrifft, so werden an der Uebergangsstelle die radiären Fasern breiter und dadurch die Maschen ihres Netzes enger (Fig. 20. Taf. II), wodurch das Bild vollkommen analog dem einer elastischen Platte oder einer gefensterten Haut wird. Mit dem Schwinden der kleinsten Maschenlücken ist der Uebergang in die homogene Lam. basil. post. vollendet. Eine auffallende Verdünnung der Membran an der Uebergangsstelle konnte ich an Durchschnittspräparaten nicht wahrnehmen. Dagegen geht mit den endothelialen Belegezellen der Lam. basil. post. an der Uebergangsstelle ziemlich plötzlich eine auffallende Veränderung vor sich, auf welche bereits Sattler[1]) in seiner Arbeit über den feineren Bau der Chorioidea aufmerksam gemacht hat. An der hinteren Fläche der Lam. basil. post. corn. sind diese Zellen gross und regelmässig polyedrisch neben einander gelagert; an der Uebergangsstelle dagegen, d. h. da, wo die Löcher in der Membran beginnen,

1) Graefe's Archiv für Ophthalmologie. Bd. XXII. Abtheil. 2. S. 90.

werden dieselben kleiner, verlieren die regelmässige polyedrische Gestalt und lassen in dem Maasse, als die Lam. basil. post. in das Netzwerk der radialen Fasern des Lig. annull. übergeht, immer mehr Lücken zwischen sich. Die Zellen dieses Netzwerkes sind fast um die Hälfte kleiner, nicht mehr polyedrisch, sondern mehr länglich, und sie bestehen hauptsächlich aus Kernsubstanz, der nur wenig Protoplasma anhaftet. Auch decken diese Zellen durchaus nicht die ganze äussere Fläche der das Netzwerk bildenden Fasern, sondern finden sich nur isolirt an den letzteren vor. Der scharfe Unterschied beider Zellenarten tritt sehr deutlich in Fig. 20. (Taf. II) hervor.

Die Lücken zwischen den radiären Fasern des Lig. annull. und die Maschen des Netzwerkes, welches dieselben bei dem Uebergang in die Lam. basil. post. corn. bilden, hängen unter einander in der vielseitigsten Weise zusammen und enthalten je nach der Intensität des sogenannten intraoculären Druckes eine grössere oder geringere Menge der Flüssigkeit der Augenkammern. Diese Lücken und Maschen haben ihre Lage an der äussersten Spitze des Winkels, welchen der periphere Theil der Hornhaut mit dem ciliaren Irisrande bildet und werden in ihrer Totalität als Fontana'scher Raum bezeichnet, welcher demnach keinen ringförmigen Kanal, sondern eine unendlich grosse Menge kleinster aber unter einander auf das Vielfachste communicirender Hohlräume an der äussersten Spitze des erwähnten Winkels darstellt. Eine Verwechslung des Fontana'schen Raumes mit dem Sinus venosus iridis (dem Schlemm'schen Kanal), den ich im Hinblick auf zahlreiche natürliche (Erhängte) und künstliche Injectionen für ein den Sinus der Dura mater vollkommen analoges Gefäss halte, ist schon aus topographischen Gründen unzulässig; denn der Fontana'sche Raum liegt, in das Gebiet der radiären Fasern des Lig. annull. fallend, der Sehaxe näher, als der Sin. ven. iridis, der, bereits der Sclera angehörig, hinten von den circulären Fasern des Lig. annull. begrenzt wird.

Rücksichtlich der histologischen Stellung der radiären Fasern des Lig. annull. und der Netze, welche dieselben bei dem Uebergang in die Lam. basil. post. corn. bilden, sind die Ansichten verschiedener Beobachter noch getheilt. Reichert, der diese Fasern zuerst mikroskopisch untersuchte, hielt dieselben für Bindegewebe, BOWMAN betrachtete sie als theils dem elastischen, theils dem Bindegewebe zugehörig, und eine ähnliche Stellung nimmt KÖLLIKER ein, welcher diese Fasern für eine Zwischenform von elastischem und Bindegewebe ansieht. Ich war früher entschieden der Ansicht, dass dieselben als elastische Fasern aufgefasst werden müssten, und zwar hauptsächlich aus dem Grunde, weil sie in die Lam. basil. post. corn. direct übergehen, die man ja früher allgemein als eine exquisit elastische Membran auffasste. Dieser Meinung schloss sich auch FREY gestützt auf die chemische Reaction des Gewebes an. Dagegen hat in einer neueren Arbeit, welche in dem anatomischen Institut zu Bonn unter den Augen von M. SCHULTZE entstand, HAASE [1]) sich entschieden dahin ausgesprochen, dass die in Rede stehenden Fasern als dem Bindegewebe angehörig betrachtet werden müssten, und beruft sich dabei einmal auf die fibrillirte Beschaffenheit derselben, dann auf die intensive Aufnahme von Farbstoffen nach Behandlung mit Carminlösung und Campechenholztinktur, gegen welche sich bekanntlich elastische Fasern ziemlich indifferent verhalten, sowie schliesslich auf die Histogenese der Fasern, welche durch dieselben Formelemente charakterisirt sei, welche bei der Entwicklung des Bindegewebes zur Beobachtung kämen. Den ersten dieser Gründe, die feine Fibrillirung, kann ich jedoch nach meinen Erfahrungen nicht zugeben, da dieselbe auch bei der Untersuchung mittelst der besten optischen Hülfsmittel nicht deutlich wird, auch die Fasern nicht ähnlich feinen Bindegewebsbündeln wellig gebogen sind, wie HAASE sie abbildet, sondern für dieselben die gerade Verlaufsweise charakteristisch ist (Fig. 19. Taf. III). Dagegen ist die energische Aufnahme von Farbstoffen nicht zu bestreiten, und hierin liegt allerdings eine wesentliche Abweichung von dem Verhalten elastischer Fasern an anderen Orten; allein bekanntlich färbt sich auch die hintere Basalhaut der Hornhaut sehr intensiv, ein Umstand, der gleichfalls für das histologische Zusammengehören der radiären Fasern des Lig. annull. mit der Lam. basil.

---

1) Ueber das Lig. pectin. iridis in GRAEFE's Archiv für Ophthalmologie. Jahrg. XIV. Abtheil. 1. S. 47.

post. corn. spricht. Mehr aber wollte ich eigentlich auch früher nicht behaupten, und da es damals zweifellos schien, dass die structurlosen Membranen dem elastischen Gewebe angehörten, so stand ich nicht an, die zu der hinteren Basalhaut der Hornhaut tretenden Fasern als elastische in Anspruch zu nehmen. In neuerer Zeit ist aber bekanntlich die Stellung dieser Membran in dem histologischen System schwankend geworden, und man hat gute Gründe dafür beigebracht, dass dieselbe als dem Bindegewebe zugehörig betrachtet werden müsse. Ist Letzteres wirklich der Fall, so ist damit natürlich auch die histologische Auffassung der radiären Fasern des Lig. annull. entschieden.

Schliesslich sei noch erwähnt, dass das Gewebe des Lig. annull. vollkommen frei von Blutgefässen ist, wovon man sich sehr leicht an meridionalen Schnitten eines fein injicirten Augapfels überzeugen kann (Fig. 15. Taf. II). Gerade an solchen Präparaten tritt das Lig. annull. dadurch ausserordentlich deutlich hervor, dass es nach hinten und einwärts sich von dem an Capillargefässen so reichen Ciliarmuskel und von dem ciliaren Rande der Iris scharf abhebt und auch nach vorn von der blutgefässhaltigen Sclera sich differenzirt. Daher ist auch an der trefflichen colorirten Abbildung, welche wir Leber[1]) über die Anordnung der Blutgefässe in der Ciliargegend in dem meridionalen Augenschnitt verdanken, das Lig. annull. sehr gut zu erkennen.

Der Stoffwechsel in dem Gewebe des Lig. annull. kann, obgleich dasselbe keine Blutgefässe führt, kaum Schwierigkeiten unterliegen; denn dasselbe liegt in der unmittelbaren Nachbarschaft sehr gefässreicher Gebilde, des Ciliarmuskels und des ciliaren Irisrandes; dann wird es getränkt mit der Flüssigkeit des Fontana'schen Raumes, d. h. mit dem Inhalt der vorderen Augenkammer, die ja, wie Schwalbe und Waldeyer angeben, in offener Communication mit Blutgefässen, d. h. mit den vorderen Ciliarvenen steht.

---

1) Denkschriften der Wiener Akademie der Wissenschaften. Mathemat.-naturwissenschaftl. Classe. Bd. XXIV. 1864. Taf. 3. Fig. 2.

Die Befestigung der Linse in der tellerförmigen Grube des Glaskörpers.

Hierzu Fig. 21 (Taf. III).

Bis zu Anfang des letzten Decenniums fasste man ganz allgemein die Befestigung der Linse, d. h. ihrer Kapsel, in der tellerförmigen Grube als nur durch den Glaskörper vermittelt auf. Man nahm an, dass die äussere Hülle des Corpus vitreum, die sogenannte Membrana hyaloidea, sich in der Höhe der Ora serrata retinae in eine vordere und hintere Lamella spalte. Die vordere durch die Eindrücke der Ciliarfortsätze krausenartig gefaltete Lamelle wurde unter dem Namen des Strahlenblättchens der Zonula Zinnii oder ciliaris beschrieben, und man liess dieselbe sich an der vorderen Kapselwand befestigen, während die hintere Lamelle die tellerförmige Grube des Glaskörpers auskleiden und mit der hinteren Kapselwand verschmelzen sollte. In Folge dieser Anschauung über das Verhältniss von Linse und Glaskörper war man nothwendig zu der Annahme eines circulären in dem Querschnitt mehr oder weniger genau prismatischen Raumes gedrängt, dessen vordere Wand die Zonula, dessen hintere Wand die hintere Lamelle der Membrana hyaloidea, welche in ihrem weiteren Verlaufe die tellerförmige Grube auskleide, darstelle, während die dritte Wand von dem peripheren Theil der Linse gebildet werde, durch welche die vordere Kapselwand in die hintere übergehe. Dieser, zuerst von F. P. du Petit als Canal godronné beschrieben, erhielt sich unter dem Namen des Canalis Petiti fast hundert Jahre lang in der Anatomie, und die Existenz desselben erschien um so gesicherter, als es ziemlich leicht ist, nach Entfernung der drei

Augenhäute und Bloslegung des durchsichtigen Augenkerns partiell den Kanal mit Luft oder mit gefärbter Flüssigkeit zu füllen. Selbst die Entdeckung des Baues der Zonula, die ja keine Membran darstellt, sondern aus histologisch scharf charakterisirten Fasern [1]) besteht, beunruhigte merkwürdiger Weise die Existenz des Canalis PETITI nicht, und man stritt sich selbst in der neueren Zeit nur über die Ausdehnung des Kanals. Am weitesten in der Beschränkung desselben geht offenbar HENKE [2]), wenn derselbe sagt, man habe sich den Canalis PETITI ebenso wie Pleura, Peritoneum und Gelenke nicht eigentlich als Höhle, sondern nur als Spalte zu denken zwischen zwei freien (serösen) aber ohne Zwischenraum an einander verschiebbaren Flächen. Eine sorgfältige Zusammenstellung sämmtlicher in der Literatur bekannten Angaben über Ausdehnung, Begrenzung und Communicationsverhältnisse des PETIT'schen Kanals findet sich in der Habilitationsschrift von SCHWALBE [3]), sowie in den Untersuchungen desselben Autors über die Lymphbahnen des Auges und ihre Begrenzungen [4]).

Im Jahre 1870 erschienen zwei Habilitationsschriften, die bereits angeführte von G. SCHWALBE und eine weitere von FR. MERKEL [5]), welche der Frage in Betreff des Canalis PETITI neue Anregung gaben. Beide enthalten neue Thatsachen, gehen aber von verschiedenen Ausgangspunkten aus und gelangen schliesslich zu ganz entgegengesetzten Ergebnissen, indem SCHWALBE für die ältere Ansicht der Existenzberechtigung des Kanals von PETIT eintritt, während MERKEL mit derselben vollständig bricht und das Bestehen des Kanals ganz und gar in Abrede stellt.

Das ohne Zweifel interessanteste Resultat der Untersuchung von SCHWALBE ist die Thatsache, dass ohne Bloslegung der Zonula durch Einstichsinjection in die vordere Augenkammer bei einem Druck von 10 bis 20 Mm. Quecksilber eine vollständige Füllung des Canalis PETITI sowohl mit Berliner Blau, wie mit

---

1) Die erste genaue Beschreibung und Abbildung der Fasern der Zonula gab schon 1841 HENLE in seiner Allgemeinen Anatomie. S. 332. Taf. II. Fig. 4.

2) GRAEFE's Archiv für Ophthalmologie. Bd. VI. S. 61.

3) De canali Petiti et de Zonula ciliari. Halle 1870.

4) M. SCHULTZE's Archiv für mikroskopische Anatomie. Bd. VI. S. 317.

5) Die Zonula ciliaris. Leipzig 1870.

Höllensteinlösung erzielt werden kann. Zwar berichten schon ältere Anatomen, dass der Kanal durch eine regelmässige Reihe feiner Lücken mit der hinteren Augenkammer communicire; allein diese Angaben wurden später theils nicht beachtet, theils hielt man diese Lücken als nicht während des Lebens existirend und zwar durch Zerreissung der Zonula in Folge zu starken Lufteinblasens oder durch cadaveröse Schmelzung der die Zonulafasern vereinigenden Kittsubstanz entstanden. Jedenfalls hat SCHWALBE zuerst die Communication der hinteren Augenkammer mit der hinter der vorderen Begrenzung der Zonula befindlichen Räumlichkeit auf dem einzig möglichen Wege durch Injection nachgewiesen und andererseits dadurch, dass er bei blosgelegter Zonula die Canüle direct in den sogenannten PETIT'schen Kanal einführte und bei schwachem Drucke den Fortgang der Injectionsmasse beobachtete, gefunden, dass diese Communicationen in spaltförmigen Oeffnungen gegeben sind, welche sich an der vorderen Fläche der Zonula dicht an dem Linsenrande vorfinden.

Durch die SCHWALBE'sche Injection des Canalis PETITI von der vorderen Augenkammer aus schien die Existenz des letzteren über jeden Zweifel festgestellt; um so überraschender war es, dass, ganz kurz nach der Veröffentlichung der Schrift von SCHWALBE, MERKEL die Zonula als ein dreieckiges Band beschreibt, welches vom Gipfel der Ciliarfortsätze zur Kapsel überspringt und sich an dieser, den Linsenrand zwischen sich fassend, auf der vorderen und hinteren Fläche ansetzt. Ein an dieser Stelle beschriebener Canalis PETITI existirt nach MERKEL im lebenden Thiere nicht, und die Zonula ist für keine andere Flüssigkeit zugänglich, als für die den ganzen Körper überhaupt durchtränkende. MERKEL stützt sich dabei hauptsächlich auf das Bild, welches der Meridionalschnitt der Zonula in ihrer Verbindung mit dem ciliaren Theile der Retina und der vorderen und hinteren Linsenkapsel gewährt, ein Bild, das ganz und gar gegen die bisherige Auffassung der Zonula als einer Membran spreche. Ein Blick auf Fig. 1 der ersten Tafel der MERKEL'schen Schrift, welche einen solchen Schnitt von dem Auge des Schweines also desselben Thieres darstellt, an welchem die meisten Injectionen des Canalis PETITI von der vorderen Augenkammer aus von SCHWALBE gemacht wurden, zeigt, dass die Beschreibung der Zonula von MERKEL nicht als einer Membran, sondern als eines prismatischen Bandes vollkommen zutreffend ist und dass in der That bei einem solchen Verhalten der Zonula von einem Canalis PETITI nicht gut die Rede sein kann. Consequenter Weise erklärt auch MERKEL den durch Aufblasen oder durch Injection dargestellten PETIT'schen Kanal für künstlich erzeugt in Folge der Zerstörung der mittleren Fasern der prismatischen Zonula, welche sowohl unter der Gewalt des Injectionsdruckes reissen, wie postmortal sehr bald einem Auflösungsprocess unterliegen könnten.

HENLE, der in der ersten Auflage seiner Anatomie den Canalis PETITI noch als bestehend annahm, schloss sich in der zweiten der Ansicht von MERKEL an, wie ein Vergleich von Fig. 522 der ersten mit Fig. 537 der zweiten Auflage lehrt. Beide Abbildungen stellen Meridionalschnitte der vorderen Augenhälfte mit Zonula und Linse dar, sind aber wohl als halbschematische zu betrachten. Auch LIEBERKÜHN [1]) erklärte sich für die Auffassung von MERKEL, während IWANOFF [2]) eine Vermittlung der SCHWALBE'schen und MERKEL'schen Anschauung dadurch herzustellen suchte, dass er die Zonula d. h. das ganze prismatische Band von MERKEL für die vordere Wand des Canalis PETITI erklärte, während der Kanal hinten durch eine verdichtete Rindenschichte des Glaskörpers abgeschlossen werde. Einen prägnanten Ausdruck findet diese Darstellung bereits in Fig. 522 der ersten Auflage der HENLE'schen Anatomie.

Für einen gewissenhaften Lehrer, der von der Ueberzeugung ausgeht, dass nicht die Vorlage von Kontroversen, sondern die dogmatische Behandlung der Anatomie dem Anfänger allein wirklichen Nutzen bringt, ist die Lage einer Frage, über welche zwei scheinbar vollkommen fehlerfreie Untersuchungsmethoden diametral entgegengesetzte Resultate geben, wie hier rücksichtlich der Existenz des Canalis PETITI, nichts weniger als erfreulich. Mein Grundsatz unter solchen Verhältnissen ist der, von der älteren Ansicht so lange nicht abzugehen, bis ich mir selbst durch

1) Schriften der Marburger Gesellschaft zur Beförderung der Naturwissenschaft. Jahrg. 1872. S. 315.

2) S. STRICKER's Handbuch der Lehre von den Geweben. Leipzig 1871. S. 1078.

eigene Beobachtung die Ueberzeugung von der Wahrheit der neueren erworben habe. Da ich vor einigen Jahren in der Lage war, ziemlich frische menschliche Augen zu erhalten, so bestimmte ich diese zu einer Untersuchung, welche mir eine selbständige Meinung über die Frage der Existenz des PETIT'schen Kanals gewähren sollte.

Da Meridionalschnitte der Ciliargegend des Bulbus mit Erhaltung der Zonula und Linse auch von dem geschicktesten Techniker an frischen Augen nicht darzustellen sind, so wurden die Bulbi zunächst nach der in der vorigen Abhandlung angegebenen Methode zuerst in MÜLLER'scher Flüssigkeit und dann kurz in Alkohol gehärtet. Diesen präparatorischen Akt halte ich um so weniger für bedenklich, als mir aus längerer Erfahrung bekannt ist, dass die Zonulafasern durchaus nicht so leicht vergänglich sind, wie manche zu glauben scheinen, sondern dass dieselben sich sowohl in Lösungen von Chromsalzen, wie im Alkohol trefflich erhalten. Auch die Linse schrumpft, wenn sie früher einige Zeit in MÜLLER'scher Flüssigkeit gelegen, später in Alkohol nur mässig. Da die Schnittführung zu Erhaltung von Zonula und Linse nothwendig unter einer Flüssigkeit mittelst der schärfsten Messer geschehen muss, so wählte ich ein WELKER'sches Mikrotom, da mir ein solches von GUDDEN, das übrigens nach dem WELKER'schen construirt ist und auf denselben Principien beruht, nicht zu Gebote stand. Die Flüssigkeit, unter der geschnitten wurde, war mit Wasser verdünnter Alkohol. Die Schnitte gelangen über alle Erwartung gut, und ich gewann sogar mehrfach solche, welche über den ganzen Bulbus sich erstreckten, so dass die Verhältnisse der Ciliargegend zu Zonula und Linse zweimal, nasal und temporal, zur Darstellung gelangten. Da die Dicke der Schnitte 0,3 bis 0,4 Mm. nicht überstieg, konnten dieselben selbst mit stärkeren Vergrösserungen geprüft werden. Auch gelang es mir, einige sowohl in Glycerinleim, wie in Canadabalsam zu conserviren, was übrigens aus dem Grunde recht schwierig ist, als, bei der leichten Zerreisslichkeit der Zonulafasern in Folge mechanischer Einwirkungen, die zur Conservirung nöthige Ueberführung der Präparate aus einer Flüssigkeit in eine andere oft die besten Objecte unbrauchbar macht.

Die genaue Untersuchung der so gewonnenen Meridionalschnitte des Bulbus führte zu einem Ergebniss, das ich zunächst übersichtlich in folgenden Punkten zusammenfassen will.

1) Die Faserbündel der Zonula setzen sich nicht nur an der vorderen Fläche der Kapsel an, sondern ein grosser Theil derselben ist auch an der hinteren Kapselwand fixirt.

2) Die Faserbündel der Zonula unterliegen in ihrem Verlaufe zur Kapsel einer partiellen Kreuzung in der Art, dass ein Theil der von hinten kommenden Fasern an der vorderen und ein Theil der von vorn kommenden an der hinteren Kapselwand sich ansetzt.

3) Zwischen den Bündeln der Zonulafasern existiren kleine unter einander communicirende Räumlichkeiten, welche an ähnliche erinnern, die an dem Winkel zwischen Hornhaut und Iris unter dem Namen des FONTANA'chen Raumes vorhanden sind.

4) Der Ursprung der Zonulafasern erstreckt sich von der Ora serrata bis zu den Gipfeln der Ciliarfortsätze.

5) Der Ansatz der Bündel der Zonulafasern tritt an der vorderen Kapselwand der Sehachse um ein Minimum näher, als an der hinteren. Auch beschreibt diese Insertion vorn eine leichte Zickzacklinie, während sie hinten geradlinig ist.

6) Die Verlaufsweise sämmtlicher Bündel der Zonulafasern ist rein meridional; circuläre oder äquatorial verlaufende Faserbündel kommen in dem menschlichen Auge nicht vor.

Mit Ausnahme von F. E. SCHULZE[1]) stimmen die meisten neueren Anatomen darin überein, dass die Faserbündel der Zonula sich sowohl auf der vorderen, wie auf der hinteren Wand der Linsenkapsel ansetzen. Ist aber letzteres richtig, so kann die Zonula unmöglich ein membranartiges Gebilde sein, sondern sie muss in dem meridionalen Schnitt nothwendig ein Dreieck darstellen, dessen kurze Basis in dem peripheren Theile der Linsenkapsel gegeben ist; diese Basis wird natürlich nicht durch eine gerade, sondern durch eine an der Uebergangsstelle der vorderen zu der hinteren Kapselwand gebrochene Linie gebildet. Vor der

---

1) Der Ciliarmuskel des Menschen in dem Archiv für mikroskopische Anatomie. Bd. III. S. 496.

Zonula befinden sich die Ciliarfortsätze, und insoweit dieselben den Linsenrand nicht erreichen, der Humor aqueus der hinteren Augenkammer. Dicht hinter der Zonula liegt der Glaskörper, und zwischen beiden gibt es keine weitere Räumlichkeit; ja häufig scheinen die Fasern der Zonula bis in die Substanz des Glaskörpers einzudringen, doch bin ich mir über diesen Punkt nicht ganz klar geworden. Die Anlöthung des Glaskörpers an die hintere Kapselwand beginnt hart an der Stelle, an welcher der Ansatz der Zonulafasern an letzterer aufhört. Mit der gegebenen Beschreibung der Zonula und ihres topographischen Verhaltens zu dem Glaskörper lässt sich die Existenz eines Canalis Petiti nicht gut vereinigen; denn selbst für einen spaltförmigen in dem Sinne von Henke fehlt der Raum, und nach meiner Ueberzeugung ist demnach der Petit'sche Kanal in der früheren Auffassung nicht länger haltbar.

Eine mir wenigstens vollkommen neue Thatsache, welche die Untersuchung meiner Meridionalschnitte schon bei schwachen Vergrösserungen ergab, war die Kreuzung der Zonulafasern, die in Fig. 21 (Taf. III.) Z. mit grösster Naturtreue wieder gegeben ist. Nur ein kleinerer Theil der Zonulafaserung unterliegt dieser Kreuzung nicht, nämlich die vordersten und hintersten Faserbündel; die mittleren kreuzen sich aber sämmtlich in der Art, dass die zu der vorderen Kapselwand tretenden aus dem Theil der Ciliargegend kommen, den man als Orbiculus ciliaris bezeichnet, die an der hinteren Kapselwand sich ansetzenden dagegen von den Ciliarfortsätzen selbst oder von den zwischen denselben befindlichen Vertiefungen abgehen.

Der dritte oben aufgestellte Satz, dass zwischen den Bündeln der Zonulafasern unter einander communicirende Lücken sich vorfinden, dürfte geeignet sein, eine Ausgleichung der sich so schroff gegenüberstehenden Ansichten von Schwalbe und Merkel in Betreff des Petit'schen Kanals anzubahnen. Diese Lücken sind allerdings in den beiden Abbildungen, in welchen allein die Zonula im meridionalen Schnitt nicht als Membran, sondern als dreieckiges Band dargestellt ist, in Fig. 1 der Merkel'schen Schrift und in Fig. 537 der zweiten Auflage der Anatomie von Henle, nicht angedeutet, weshalb man mir leicht entgegnen könnte, dass sie an dem frischen Auge überhaupt nicht existirten und ich sie nur deswegen gesehen hätte, weil meine Beobachtungen an Augen gemacht wurden, welche mit erhärtenden Flüssigkeiten, MÜLLER'scher Lösung und Alkohol, behandelt worden waren; durch die mit Erhärtung nothwendig verbundene Schrumpfung des Gewebes der Zonula sei Veranlassung zur Entstehung derartiger Lücken gegeben, welche während des Lebens nicht existirten, sondern erst postmortal als Folge der angewandten Präparationsmethode entständen. Wenn ich auch gern zugebe, dass eine scharfe Unterscheidung dessen was in dem Leben vorhanden von jenem was mit dem Tode eintritt, sowie eine minutiöse Kritik der Präparationsmethoden ein wichtiger Faktor für den Fortschritt der anatomischen Wissenschaft ist, so darf man mit dieser Kritik doch nicht zu weit gehen, und namentlich scheint mir dieselbe dann unrichtig angewandt, wenn eine ganz andere Methode zu den gleichen Schlüssen führt. Dieses ist aber gerade bei der uns beschäftigenden Frage der Fall. Man kann diese Lücken an dem ganz frischen Auge durch Aufblasen darstellen nach dem alten Versuche der partiellen Füllung des sogenannten Canalis PETITI mit Luft, und überdies zeigte, wie wir gesehen, SCHWALBE, dass durch den geringen aber methodisch angewandten Druck von nur 10—20 Mm. Quecksilber sämmtliche Lücken der Zonula von der vorderen Augenkammer aus mit Injectionsmasse gefüllt werden können, während erst bei einem Druck von 212 Mm. Quecksilber Extravasate in dem Glaskörper entstehen. Betrachtet man Fig. 6 der SCHWALBE'schen Arbeit[1]), welche eine solche Injection darstellt, so zeigt die scharfe Umrandung der circulär um den Linsenrand ausgebreiteten Masse, dass hier von Extravasation oder Diffussion nicht gut die Rede sein kann, und die Annahme, dass die Masse nur in Folge der Zerreissung von Gewebetheilen innerhalb der Zonula habe vordringen können, wird in hohem Grade unwahrscheinlich. Auch die jedem Anatomen bekannten Erscheinungen, welche nach dem Einblasen von Luft eintreten und die allerdings zur Annahme eines wirklichen Kanals in strengem Wortsinne nicht hinreichen, erklären sich einfach und leicht durch das Vorhanden-

1) Archiv für mikroskopische Anatomie. Bd. VI. Taf. XVI.

sein von Lücken in der Zonula, sowohl die stets nur partielle Füllung, wie das nicht stetige, sondern mehr ruckweise Vordringen der eingetriebenen Luft und die theilweise Erhaltung der letzteren, nachdem die Canüle zurückgezogen und damit eine permanente grössere Oeffnung gegeben ist.

Diese Lücken oder Hohlräume, welche an jedem meiner meridionalen Schnitte mit grösster Deutlichkeit auftreten, besitzen eine sehr verschiedene Ausdehnung. Die grössten finden sich in der Nähe des Linsenrandes und stehen mit der Kreuzung der Faserbündel der Zonula in einem auffälligen Zusammenhang, während sich nach vorn gegen die hintere Augenkammer das Zonulagewebe verdichtet; auch nach der Ora serrata zu werden diese Lücken immer kleiner und hören an der Wurzel der Ciliarfortsätze eigentlich ganz auf, weshalb auch die Injectionsmasse nur bis dahin und nicht bis zur Ora serrata vordringt, was in Fig. 6 bei Schwalbe sehr deutlich hervortritt. Ich habe mir viele Mühe gegeben, an den Wänden dieser Lücken Zellen als endothelialen Beleg aufzufinden, was mir jedoch nicht gelang; weder Zellenkerne, noch sonstige Zellenrudimente konnte ich wahrnehmen; vielleicht ist hier die Silbermethode noch erfolgreich.

Wenn demnach ein den Linsenrand umgebender Kanal in dem Sinne der älteren Anatomen nicht gut angenommen werden kann, so haben wir anstatt desselben eine grosse Anzahl unter einander in Verbindung stehender und mit Kammerwasser gefüllter, während des Lebens aber wahrscheinlich nur spaltförmiger Lücken erhalten, welche ich in ihrer Gesammtheit als Petit'schen Raum bezeichnen möchte. Demnach hätte der Canalis Petiti eine ähnliche Wandlung durchgemacht, wie die in dem Winkel zwischen Iris und Hornhaut befindliche Räumlichkeit, welche früher als Canalis Fontanae soviel Unsicherheit in das richtige Verständniss des Iriswinkels brachte, während wir heute mit dem Namen Fontana'scher Raum sehr bestimmte Vorstellungen über das anatomische Verhalten jener Localität verknüpfen.

Der grosse Werth der Arbeit von Schwalbe liegt darin, dass er zuerst auf dem Wege der Injection nachwies, dass die Lücken des Petit'schen Raumes entweder in directer oder indirecter Verbindung mit der hinteren Augenkammer stehen und demnach mit

Humor aqueus gefüllt sein müssten. Dagegen hat MERKEL durch seine Schrift den ersten Anstoss dazu gegeben, dass man eine althergebrachte und wie es schien durchaus gesicherte, trotzdem aber unrichtige anatomische Anschauung aufgab, was die erste Vorbedingung dafür war, dass man den realen Verhältnissen näher treten konnte. Fasse ich meine Ansicht über den PETIT'schen Raum in kurzen Worten zusammen, so ist derselbe als eine Art gefächerter Recessus der hinteren Augenkammer zu betrachten, ganz ähnlich jenem gefächerten Recessus, welchen die vordere Augenkammer in dem FONTANA'schen Raume besitzt. Bei dieser Auffassung der Verhältnisse verlieren die schönen Folgerungen, welche SCHWALBE[1]) über intraocularen Druck und dessen Modificationen bei verschiedenen Accommodationszuständen aus seinen anatomischen Untersuchungen ableitet, nicht das Geringste von ihrer Bedeutung.

Die Frage über den Ursprung der Fasern der Zonula steht in nächstem Zusammenhang mit der Controverse über den Bestand einer eigenen Membrana hyaloidea. Während die Mehrzahl der Anatomen und darunter unsere grossen Retinaforscher H. MÜLLER und M. SCHULTZE die innere Traghaut der Retinabestandtheile, die Limitans interna, gesondert wissen wollen von der den Glaskörper nach aussen abgrenzenden Membran, hat HENLE schon lange den Satz aufgestellt, dass eine solche Membrana hyaloidea nicht existire und dass die Glaskörpersubstanz von den nervösen Elementen der Retina nur geschieden sei durch die Limitans interna, die er deshalb auch Membrana limitans hyaloidea nennt. Es würde zu weit führen, diese Controverse hier zu erörtern, bei welcher wieder die Kritik der Präparationsmethoden die Hauptrolle spielt. Aber auch die Vertheidiger einer selbständigen Membrana hyaloidea geben zu, dass in dem Verlaufe nach vorn in der Nähe der Ora serrata retinae beide Membranen, die Limitans interna und die Hyaloidea, untrennbar verwachsen sind, lassen sie aber vor der Ora serrata sich wieder trennen oder doch die Hyaloidea sich in zwei Lamellen spalten, von welchen nur die äussere mit der Limitans verwachsen bleibe, während die innere den Glas-

1) Archiv für mikroskopische Anatomie. Bd. VI. S. 351.

körper da weiter begrenze, wo sich derselbe von dem Ciliartheil der Retina trennt.

An der Ora serrata erreichen die nervösen, wie percipirenden (mussivischen) Elemente der Retina ihr Ende, so dass vor derselben in dem sogenannten Ciliartheil der Retina nur noch die Bindesubstanz der Membran vertreten ist und zwar durch die Limitans externa und interna, sowie durch die zwischen beiden gelegenen länglichen Zellen, die man als modificirte MÜLLER'sche Radialfasern betrachtet. Sehen wir von der Ansicht von IWANOFF ab, welcher die Fasern der Zonula von dem Glaskörper selbst abgehen lässt, so sind über das Verhältniss der Zonulafasern zu dem Ciliartheil der Retina zur Zeit hauptsächlich drei Ansichten vertreten, als deren Repräsentanten ich KLEBS, MERKEL und SCHWALBE bezeichnen möchte. Am weitesten geht wohl KLEBS [1]), welcher die Zonulafasern aus dem hinteren Theile des Ciliartheiles der Retina entspringen lässt und dieselben als modificirte Fortsetzungen der Radialfasern des ciliaren Retinatheiles angesehen wissen will. Nach MERKEL nehmen die Zonulafasern ihren Ursprung einfach von der Limitans interna der ciliaren Retina, während SCHWALBE die Ansicht vertritt, dass die Zonulafasern mit der Limitans interna der ciliaren Retina nur durch eine schwerlösliche Kittsubstanz verbunden seien, welche sich erst nach längerer Maceration in dünnen Solutionen von Kali bichromicum löse. Nach SCHWALBE, der ein Gegner der HENLE'schen Ansicht rücksichtlich des Zusammenfallens von Membr. limitans interna und hyaloidea ist, muss demnach die vordere Lamelle der Membrana hyaloidea als Ursprungsstätte der Zonulafasern angesehen werden.

Nach dem, was ich an meinen meridionalen Schnitten beobachten konnte, muss ich mich in dieser Frage entschieden auf die Seite von MERKEL stellen und die Limitans interna des Ciliartheiles der Retina als den Ausgangspunkt der Zonulafasern bezeichnen. Auch darin stimmen meine Beobachtungen mit jenen von MERKEL überein, dass der weitaus grössere Theil der Zonulafasern seinen Ursprung nimmt in den Thälern zwischen den Ciliar-

---

1) Zur normalen und pathologischen Anatomie des Auges in Virchow's Archiv. Bd. XXI. S. 171.

fortsätzen und dass nur der kleinere Theil von den Ciliarfortsätzen selbst kommt. Uebrigens geht der Ursprung der Zonulafasern weiter zurück, als die Anfänge der Ciliarfortsätze; die am weitesten nach rückwärts gelegenen ersten sichtbaren Fasern der Zonula finden sich schon in nächster Nähe der Ora serrata; die Limitans interna des ganzen den Orbiculus ciliaris deckenden Theiles der Retina muss demnach schon als Ursprungsstelle von Zonulafasern angesehen werden; die von hier abgehenden Fasern sind allerdings die längsten, aber jedenfalls auch die wenigst zahlreichen; denn die Hauptmasse der Zonulafasern kommt, wie gesagt, aus den Thälern zwischen je zwei Processus ciliares. Die vordersten und zugleich kürzesten Fasern der Zonula kommen von jenem ausgebogenen Winkel, durch welchen die vordere hinter dem ciliaren Irisrande gelegene Fläche der Ciliarfortsätze in die der Sehachse d. h. dem Glaskörper zugewande Fläche übergeht, eine Stelle, die man auch kurz als den Gipfel der Ciliarfortsätze bezeichnet. Es scheinen übrigens in dieser Beziehung nicht alle Augen einander vollkommen gleich zu sein und bei dem einen der Ursprung der Zonulafasern etwas weiter nach vorn zu gehen als bei dem anderen, was vielleicht auch in einem gewissen Zusammenhang mit Nah- und Fernsichtigkeit steht.

Der Ansatz der Zonulafasern an der vorderen Linsenkapsel hält sich von der Sehachse circa 3 Mm. entfernt. Die kreisförmige Linie, innerhalb welcher dieser Ansatz sich vollzieht, ist exquisit sägeförmig gezähnelt, wie an jedem Flächenpräparat des peripheren Theiles der vorderen Linsenkapsel leicht nachzuweisen ist. Dieses gezahnte Verhalten der Ansatzlinie der Zonulafasern hat darin seinen Grund, dass die Fasern sich bündelweise inseriren und dass zwischen je zwei Bündeln die vordere Kapselwand eine ganz kurze Strecke nach aussen frei von Zonulafasern bleibt. Hiermit in schönster Uebereinstimmung steht ein Ergebniss der Injectionen von SCHWALBE, welches in dessen Fig. 6. Taf. XVI [1]) trefflich wiedergegeben ist. Hier sieht man PETIT'schen Raum an dem peripheren Theile der vorderen Kapselwand durch eine exquisit gezähnelte Linie begrenzt. Die Injectionsmasse befindet

---

1) Archiv für mikroskopische Anatomie. Bd. VI.

sich an einem solchen Präparate nach meiner Auffassung innerhalb der der Sehachse näher tretenden Bündel der Zonulafasern, einzelne Fasern mehr oder weniger von einander abtrennend.

Der Ansatz der Zonulafasern an der hinteren Kapselwand schien mir an meridionalen Schnitten um ein ganz Geringes von der Sehachse entfernter statt zu finden, als jener auf der vorderen Kapselwand. Darüber, ob auch hier die Injection in einer gezähnelten Linie geschieht, bin ich nicht zu voller Klarheit gekommen. Flächenpräparate, welche allein hier eine Entscheidung geben können, sind deshalb nicht ganz zuverlässig, weil es in dem gegebenen Falle ausserordentlich schwierig zu beurtheilen ist, ob das Flächenpräparat der vorderen oder hinteren Kapselwand angehört.

Das feinere histologische Verhalten des Ursprungs und Ansatzes der Zonulafasern, welche gleichsam faserige Brücken zwischen homogenen Membranen darstellen, lässt sich einfach als eine Verschmelzung der Fasern mit den strukturlosen Häuten bezeichnen. Die Zonulafasern, deren histologische Eigenschaften schon vor Jahren von Henle so treffend geschildert wurden, dass ich nicht glaube, hier noch einmal auf dieselben zurückkommen zu sollen, stehen nach meiner Ansicht den strukturlosen Membranen näher, als irgend eine andere Fasergruppe, und nehmen demnach auch Theil an der elastischen Beschaffenheit, die ja eine charakteristische Eigenthümlichkeit aller homogenen Häute ist, ein Umstand, der diese Fasern zu einem so werthvollen Gliede des Einrichtungsapparates des Sehorgans macht.

Merkel [1]) beschreibt ausser den meridionalen Fasern der Zonula auch andere von circulärem d. h. äquatorialem Verlauf und giebt von denselben eine Abbildung in Taf. I. Fig. 4 aus dem Auge des Schafes. Diese äquatorialen Fasern entspringen nach Merkel mit den meridionalen in der gewöhnlichen Art und folgen zuerst auch eine kurze Strecke dem Verlaufe derselben, um plötzlich unter einem rechten Winkel umbiegend die circuläre Verlaufsweise einzuhalten. Das Ende dieser Fasern war nicht mit Sicherheit zu bestimmen, und Merkel glaubt, dass dieselben in

---

1) l. c. S. 13.

der gleichen Weise zur Limitans interna zurückkehren, wie sie von derselben ausgegangen sind. Die äquatorialen Fasern finden sich von der Wurzel bis zu der Grenze des mittleren und vorderen Drittheils der Ciliarfortsätze, welche sie demnach in ihren beiden hinteren Drittheilen überbrücken. In toto stellen dieselben ein Ringband dar, welches sich so vor die meridional verlaufenden Fasern legt, dass dieselben von dem Innern des Auges abgehalten werden. Mit der grössten Aufmerksamkeit habe ich meine sämmtlichen meridionalen Schnitte, an welchen doch die äquatorialen Fasern, wenn vorhanden, im Querschnitt sich präsentiren müssen, gerade mit Rücksicht auf diesen Punkt geprüft, konnte aber auch nicht die geringste Andeutung von Querschnitten an denselben beobachten, so dass ich für das menschliche Auge die Existenz von äquatorial verlaufenden Zonulafasern, welche, wie Merkel zeigte, ein typischer Bestandtheil der Augen gewisser Säuger sind, in Abrede stellen muss.

Erklärung der Abbildungen.

(Tafel I bis III.)

Fig. 1. Frontaler Schnitt des Kopfes eines sechsmonatlichen menschlichen Embryo, in welchen oberes und unteres Thränencanälchen in Verbindung mit dem Thränensack fielen. Vergrösserung 13.

Fig. 2. Frontaler Schnitt des Kopfes eines halbjährigen Kindes, in welchen das obere Thränencanälchen, das Sammelrohr und der Thränensack fielen.

P. l. Thränenpunkt.
I. Trichter.
D. h. Horizontaler Divertikel.
M. R. Quer durchschnittene Fasern des Muskels von RIOLAN zu beiden Seiten des vertikalen Stückes.
D. v. Vertikaler Divertikel.
G. t. Tarsal- oder MEIBOM'sche Drüse.
M. o. p. Musculus orbicularis palpebrarum in paralleler Faserung mit dem horizontalen Stück des Thränencanälchens.
A. Bogenförmiger Uebergang des vertikalen in das horizontale Stück des Thränencanälchens.
P. h. Horizontales Stück des Thränencanälchens.
P. c. Sammelrohr.
S. l. Thränensack.

Vergrösserung 13.

Fig. 3. Oberes Thränencanälchen des Erwachsenen in frontalem Schnitt.

P. l. Thränenpunkt.
A. Angustia.
I. Trichter.
G. t. Tarsaldrüse.
H. D. Horizontaler Divertikel.
V. D. Vertikaler Divertikel.

Vergrösserung 13.

Fig. 4. Frontaler Schnitt des Kopfes des Erwachsenen, in welchen das Sammelrohr der Thränencanälchen und der Thränensack fielen.

F.s.l. Spitz zulaufender Grund des Thränensackes.
C.s. Oberes Thränencanälchen.
S.R. Sammelrohr.
C.i. Unteres Thränencanälchen.
S.l. Thränensack.
Vergrösserung 7.

Fig. 5. Sagittaler Schnitt durch das obere Augenlid des Menschen.
Co. Conjunctiva.
M.R. Muskel von Riolan.
G.t. Meibom'sche Drüse mit Ausführungsgang.
Ci. Augenwimper.
G.M. Moll'sche Drüse.
M.o.p. Musculus orbicularis palpebrarum.
Vergrösserung 40.

Fig. 6. Horizontalschnitt des oberen menschlichen Augenlides am Eingang in das Thränencanälchen.
C.l. Thränencanälchen nach rückwärts noch nicht geschlossen.
G.M. Meibom'sche Drüse.
M.R. Muskel von Riolan.
Vergrösserung 25.

Fig. 7. Horizontalschnitt des oberen menschlichen Augenlides, etwas tiefer geführt als der in Fig. 6.
C. Conjunctiva.
C.l. Thränencanälchen.
G.M. Meibom'sche Drüse.
M.R. Muskel von Riolan.
Vergrösserung 25.

Fig. 8. Horizontalschnitt des oberen menschlichen Augenlides, tiefer geführt als in Fig. 7.
C. Conjunctiva.
C.l. Thränencanälchen.
G.M. Meibom'sche Drüse.
M.R. Muskel von Riolan.
Vergrösserung 25.

Fig. 9. Sagittalschnitt durch das menschliche obere Augenlid in der Höhe des Thränenpunktes.
Cu. Aeussere Haut.
Co. Conjunctiva.
P.l. Punctum lacrymale.
A. Angustia.
I. Trichter.
Vergrösserung 25.

Fig. 10. Horizontalschnitt durch den Kopf eines sieben Monate alten Kindes in der Höhe des Thränensackes.
C. Aeussere Haut.
F. Fettträubchen des subcutanen Bindegewebes.
L.p.m. Ligamentum palpebrale mediale.

M.l.a. Musculus lacrymalis anterior.
C.l. Thränencanälchen.
S.l. Thränensack.
O. Knochen (Processus nasalis des Oberkieferbeines).
C.e. Siebbeinzellen.
C.l.p. Crista lacrymalis posterior des Thränenbeines.
M.l.p. Musculus lacrymalis posterior.
K. Partielle Kreuzung der Fasern des Muscul. lacrym. ant. mit jenen des Musc. lacrym. post.
Vergrösserung 10.

Fig. 11. Querschnitt durch den horizontal verlaufenden Theil des oberen Thränencanälchens.
C.l. Thränencanälchen.
M.l.p. Musculus lacrymalis posterior.
M.l.a. Musculus lacrymalis anterior.
V. Quer durchschnittene Vene.
Vergrösserung 25.

Fig. 12. Horizontalschnitt durch die Augenhöhle des erwachsenen Menschen.
B. Augapfel.
R.l. Musculus rectus lateralis.
R.m. Musculus rectus medialis.
F. Fett der Augenhöhle.
N.o. Nervus opticus.
T.B. Tenon'sche Binde.
L.p.l. Ligamentum palpebrale laterale.
G.l. Thränendrüse.
S.o. Septum orbitale.
M.H. Oberste Partie des Horner'schen Muskels.
U.C. Umschlagsstelle der Conjunctiva.
T. Tarsus.
M.o.p. Musculus orbicularis palpebrarum.
P.m.o. Mediale Wand der Augenhöhle.
C.e. Siebbeinzellen.
P.l.o. Laterale Wand der Augenhöhle.
M.t. Musculus temporalis.
x. Ansatzstelle der Tenon'schen Binde an der Conjunctiva bulbi.
y. Fascienzipfel der Scheide des medialen Musc. rectus.
z. Fascienzipfel der Scheide des lateralen Musc. rectus.
Vergrösserung 1,7.

Fig. 13. Meridionaler Schnitt durch die Ciliargegend des menschlichen Auges.
S. Sclera.
C. Cornea.
I. Iris.
P.c. Processus ciliaris.
S.v.I. Sinus venosus iridis (Canalis Schlemmii).

L. a. Ligamentum annullare.
M. c. m. Meridionale Fasern des Ciliarmuskels.
M. c. ae. Aequatoriale Fasern des Ciliarmuskels.
Vergrösserung 30.

Fig. 14. Meridionaler Schnitt durch die Ciliargegend des menschlichen Auges.
S. Sclera.
C. Cornea.
I. Iris.
P. c. Processus ciliaris.
S. v. I. Sinus venosus iridis.
L. a. Ligamentum annullare.
M. c. m. Meridionale Fasern des Ciliarmuskels.
M. c. ae. Aequatoriale Fasern des Ciliarmuskels.
Vergrösserung 30.

Fig. 15. Meridionaler Schnitt durch die Ciliargegend eines injicirten menschlichen Auges.
S. Sclera.
C. Cornea.
I. Iris.
P. c. Processus ciliaris.
S. v. I. Sinus venosus iridis.
L. a. Ligamentum annullare.
M. c. m. Meridionale Fasern des Ciliarmuskels.
M. c. ae. Aequatoriale Fasern des Ciliarmuskels.
P. c. r. Ciliartheil der Retina.
Z. Z. Fasern der Zonula von der Pars ciliaris retina entspringend.
C. a. I. m. Querschnitt des Circulus arteriosus iridis major.
Vergrösserung 50.

Fig. 16. Meridionaler Schnitt durch die Ciliargegend des menschlichen Auges nach Entfernung von Sclera und Cornea.
I. Iris.
P. c. Processus ciliaris.
M. c. m. Meridionale Fasern des Ciliarmuskels.
M. c. ae. Aequatoriale Fasern des Ciliarmuskels.
S. l. a. Rinne, welche dadurch entstand, dass das Lig. annull. mit Sclera und Cornea abgelöst wurde.
Vergrösserung 30.

Fig. 17. Meridionaler Schnitt durch das Lig. annull. und die angrenzenden Theile des menschlichen Auges.
L. a. Ligamentum annullare mit quer durchschnittenen elastischen Faserbündeln und einzelnen sternförmigen Pigmentzellen.
1) Fasern des Lig. annull., die nach rückwärts gehen und zu Sehnen der meridionalen Abtheilung des Ciliarmuskels werden.
2) Fasern des Lig. annull., die nach einwärts zu den Processus ciliares treten.

3) Fasern des Lig. annull., welche sich zu der Iris begeben.

S. Theil der Sclera.

S. v. I. Sinus venosus iridis.

I. Iris.

M. c. m. Meridionale Fasern des Musculus ciliaris.

Vergrösserung 120.

Fig. 18. Flächenpräparat des Lig. annull. in Verbindung mit den meridionalen Fasern des Ciliarmuskels und der Membrana basilaris posterior corneae; aus dem Auge des Menschen.

M. c. m. Meridionale Fasern des Musculus ciliaris.

F. c. l. a. Fibrae circulares ligamenti annullaris.

F. l. l. a. Fibrae longitudinales ligamenti annullaris, netzförmig unter einander verbunden den Fontana'schen Raum darstellend.

M. b. p. Membrana basilaris posterior bedeckt mit den endothelialen Zellen der vorderen Augenkammer.

Vergrösserung 80.

Fig. 19. Längsfasern des Lig. annull., welche den Fontana'schen Raum begrenzend zur Membrana basilaris posterior treten, mit darauf haftenden endothelialen Zellen angehörigen Kernen; aus dem Auge des Menschen.

Vergrösserung 250.

Fig. 20. Uebergang der Längsfasern des Lig. annull. in die Membrana basilaris posterior, welche theilweise noch mit endothelialen Zellen belegt ist; aus dem Auge des Menschen.

Vergrösserung 200.

Fig. 21. Meridionaler Schnitt der vorderen Hälfte des menschlichen Augapfels.

Sc. Sclera.

Ch. Chorioidea.

L. i. Membrana limitans interna.

M. c. Musculus ciliaris.

L. a. Ligamentum annullare.

P. c. Processus ciliares, durchschnitten in der Mitte zwischen einem zwischen je zwei Processus ciliares befindlichen Thale und der höchsten Höhe dieser Fortsätze.

Z. Zonula ciliaris mit partiell gekreuzten Fasern.

I. Iris.

L. Linse.

N. l. Linsenkern.

C. Cornea.

P. c. r. Ciliartheil der Retina.

Vergrösserung 4.

Inhaltsverzeichniss.

Druck von J. B. Hirschfeld in Leipzig.

Verlag von F. C. W. VOGEL in Leipzig.

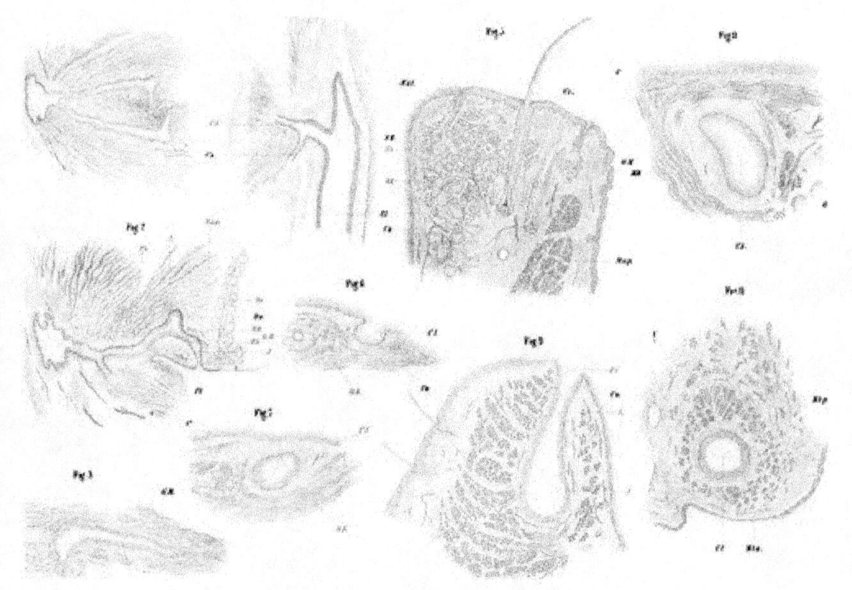

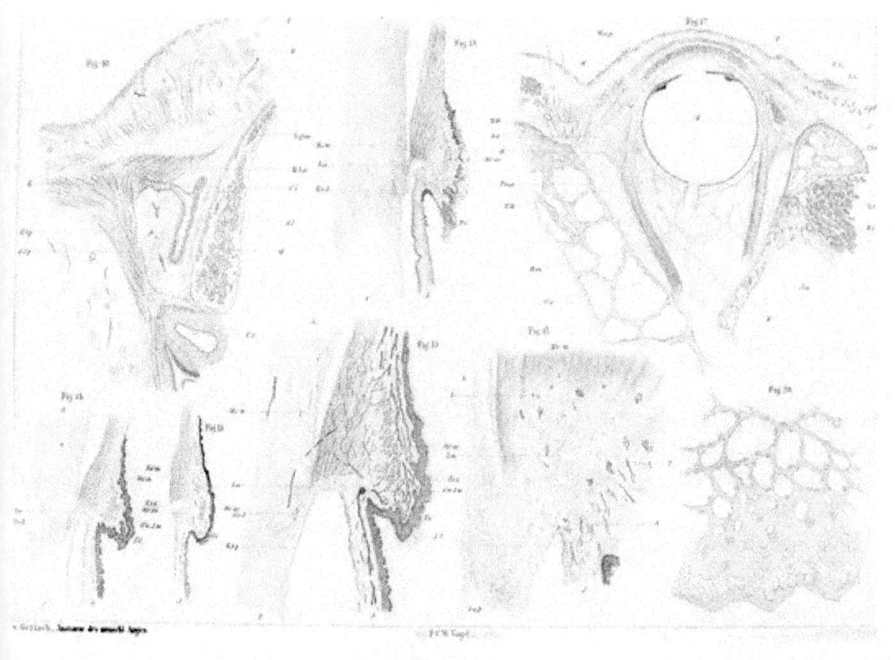

v. Gerlach, Anatomie des menschl. Auges

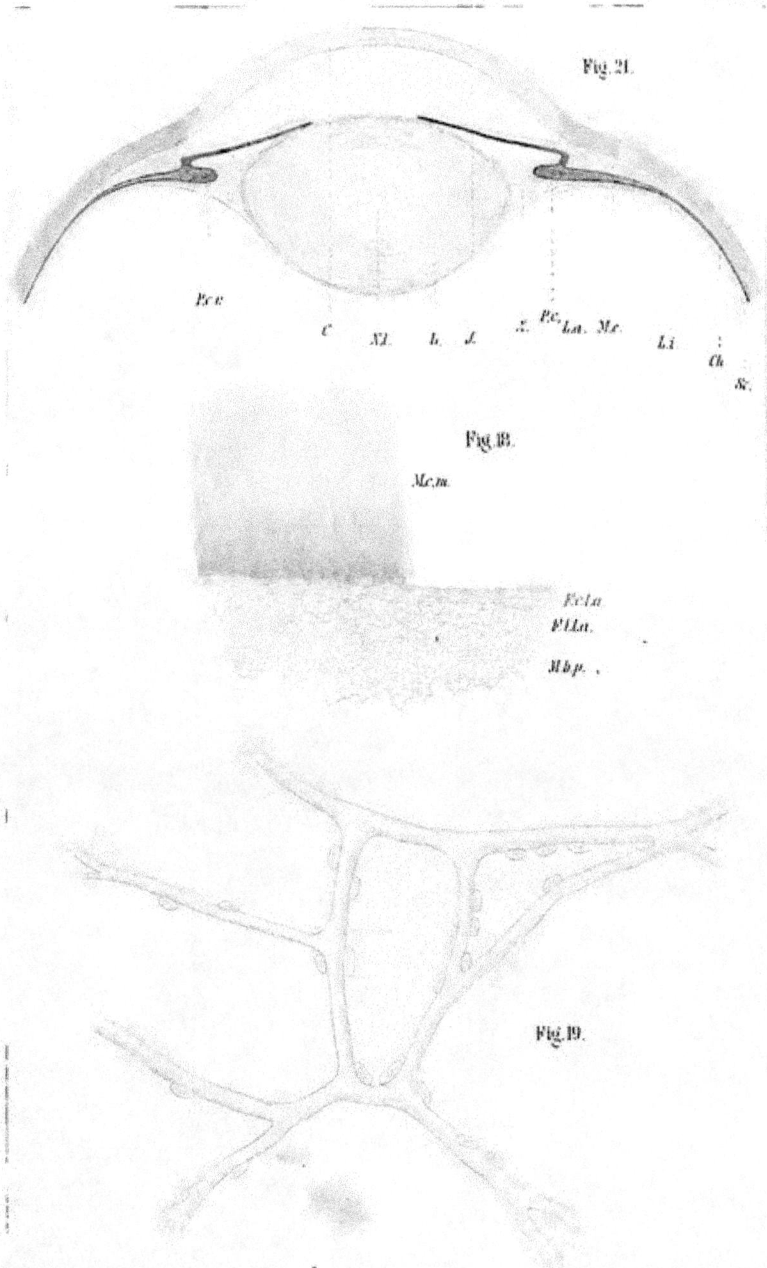
Fig. 21.
Pc e
C
Nl.
L.
J.
Z.
Pc.
La.
Mc.
Li.
Ch
Sc.
Fig. 18.
Mc.m.
Fc.l.a.
F.l.La.
M.b.p.
Fig. 19.

F. C. W. Vogel

www.ingramcontent.com/pod-product-compliance
Lightning Source LLC
Chambersburg PA
CBHW021952190326
41519CB00009B/1222

* 9 7 8 3 7 4 3 4 5 0 4 1 7 *